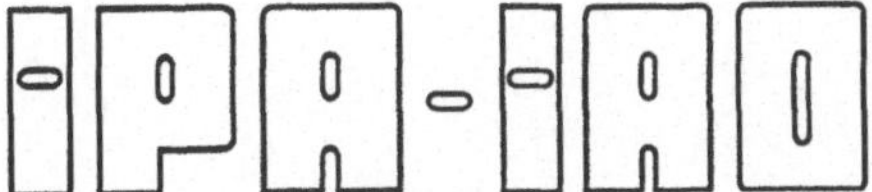

Forschung und Praxis

Band 278

Berichte aus dem
Fraunhofer-Institut für Produktionstechnik und Automatisierung (IPA), Stuttgart,
Fraunhofer-Institut für Arbeitswirtschaft und Organisation (IAO), Stuttgart,
Institut für Industrielle Fertigung und Fabrikbetrieb der Universität Stuttgart und
Institut für Arbeitswissenschaft und Technologiemanagement, Universität Stuttgart

Herausgeber: H. J. Warnecke, E. Westkämper und H.-J. Bullinger

Springer

Berlin
Heidelberg
New York
Barcelona
Budapest
Hongkong
London
Mailand
Paris
Singapur
Tokio

Patrick Markschläger

Reaktive Abscheidung von Metalloxiden auf Polycarbonat zur Erzeugung transparenter Verschleißschutzschichten

Mit 85 Abbildungen und 13 Tabellen

Dr.-Ing. Patrick Markschläger
Fraunhofer-Institut für Produktionstechnik und Automatisierung (IPA), Stuttgart

Prof. Dr.-Ing. Dr. h. c. mult. H. J. Warnecke
o. Professor an der Universität Stuttgart
Präsident der Fraunhofer-Gesellschaft, München

Prof. Dr.-Ing. Dr. h. c. E. Westkämper
o. Professor an der Universität Stuttgart
Fraunhofer-Institut für Produktionstechnik und Automatisierung (IPA), Stuttgart

Prof. Dr.-Ing. habil. Prof. e. h. Dr. h. c. H.-J. Bullinger
o. Professor an der Universität Stuttgart
Fraunhofer-Institut für Arbeitswirtschaft und Organisation (IAO), Stuttgart

D 93

ISBN-13: 978-3-540-65502-2 e-ISBN-13: 978-3-642-47967-0
DOI: 10.1007/978-3-642-47967-0

Gesamtherstellung: Copydruck GmbH, Heimsheim
SPIN 10709868 62/3020–5 4 3 2 1 0

Geleitwort der Herausgeber

Über den Erfolg und das Bestehen von Unternehmen in einer marktwirtschaftlichen Ordnung entscheidet letztendlich der Absatzmarkt. Das bedeutet, möglichst frühzeitig absatzmarktorientierte Anforderungen sowie deren Veränderungen zu erkennen und darauf zu reagieren.

Neue Technologien und Werkstoffe ermöglichen neue Produkte und eröffnen neue Märkte. Die neuen Produktions- und Informationstechnologien verwandeln signifikant und nachhaltig unsere industrielle Arbeitswelt. Politische und gesellschaftliche Veränderungen signalisieren und begleiten dabei einen Wertewandel, der auch in unseren Industriebetrieben deutlichen Niederschlag findet.

Die Aufgaben des Produktionsmanagements sind vielfältiger und anspruchsvoller geworden. Die Integration des europäischen Marktes, die Globalisierung vieler Industrien, die zunehmende Innovationsgeschwindigkeit, die Entwicklung zur Freizeitgesellschaft und die übergreifenden ökologischen und sozialen Probleme, zu deren Lösung die Wirtschaft ihren Beitrag leisten muß, erfordern von den Führungskräften erweiterte Perspektiven und Antworten, die über den Fokus traditionellen Produktionsmanagements deutlich hinausgehen.

Neue Formen der Arbeitsorganisation im indirekten und direkten Bereich sind heute schon feste Bestandteile innovativer Unternehmen. Die Entkopplung der Arbeitszeit von der Betriebszeit, integrierte Planungsansätze sowie der Aufbau dezentraler Strukturen sind nur einige der Konzepte, welche die aktuellen Entwicklungsrichtungen kennzeichnen. Erfreulich ist der Trend, immer mehr den Menschen in den Mittelpunkt der Arbeitsgestaltung zu stellen - die traditionell eher technokratisch akzentuierten Ansätze weichen einer stärkeren Human- und Organisationsorientierung. Qualifizierungsprogramme, Training und andere Formen der Mitarbeiterentwicklung gewinnen als Differenzierungsmerkmal und als Zukunftsinvestition in *Human Resources* an strategischer Bedeutung.

Von wissenschaftlicher Seite muß dieses Bemühen durch die Entwicklung von Methoden und Vorgehensweisen zur systematischen Analyse und Verbesserung des Systems Produktionsbetrieb einschließlich der erforderlichen Dienstleistungsfunktionen unterstützt werden. Die Ingenieure sind hier gefordert, in enger Zusammenarbeit mit anderen Disziplinen, z. B. der Informatik, der Wirtschaftswissenschaften und der Arbeitswissenschaft, Lösungen zu erarbeiten, die den veränderten Randbedingungen Rechnung tragen.

Die von den Herausgebern langjährig geleiteten Institute, das

- Institut für Industrielle Fertigung und Fabrikbetrieb der Universität Stuttgart (IFF),
- Institut für Arbeitswissenschaft und Technologiemanagement (IAT),
- Fraunhofer-Institut für Produktionstechnik und Automatisierung (IPA),
- Fraunhofer-Institut für Arbeitswirtschaft und Organisation (IAO)

arbeiten in grundlegender und angewandter Forschung intensiv an den oben aufgezeigten Entwicklungen mit. Die Ausstattung der Labors und die Qualifikation der Mitarbeiter haben bereits in der Vergangenheit zu Forschungsergebnissen geführt, die für die Praxis von großem Wert waren. Zur Umsetzung gewonnener Erkenntnisse wird die Schriftenreihe „IPA-IAO - Forschung und Praxis" herausgegeben. Der vorliegende Band setzt diese Reihe fort. Eine Übersicht über bisher erschienene Titel wird am Schluß dieses Buches gegeben.

Dem Verfasser sei für die geleistete Arbeit gedankt, dem Springer-Verlag für die Aufnahme dieser Schriftenreihe in seine Angebotspalette und der Druckerei für saubere und zügige Ausführung. Möge das Buch von der Fachwelt gut aufgenommen werden.

H. J. Warnecke E. Westkämper H.-J. Bullinger

Vorwort

Die vorliegende Arbeit entstand während meiner Tätigkeit als wissenschaftlicher Mitarbeiter am Fraunhofer-Institut für Produktionstechnik und Automatisierung, Stuttgart. Zum Dank für den Rückhalt während des Entstehens der Arbeit widme ich das Buch meiner Frau Elke und meinen beiden Kindern Franzisca und Antonia.

Mein Dank gilt Herrn Prof. Dr.-Ing. Dr. h. c. E. Westkämper für die großzügige Unterstützung und Förderung, welche die Durchführung der Arbeit ermöglichte.

Herrn Prof. Dr. rer. nat. R. Gadow danke ich für die wissenschaftliche Unterstützung, die ich von Ihm und seinem Institut erhalten habe, für die eingehende Durchsicht der Arbeit und für die wertvollen Hinweise, die sich daraus ergaben.

Darüber hinaus danke ich allen Mitarbeitern des Instituts, die mich durch ihre anregende Kritik und Diskussion sowie durch Ihre Hilfsbereitschaft unterstützt haben. Mein besonderer Dank gilt den Herren Dr. K. Melchior, Dipl.-Ing. (FH) T. Bolch, Dr. G. Kampschulte, Dr.-Ing. D. Mann, Dr.-Ing. O. Morlok, Dipl.-Ing. T. Lux und Dipl.-Phys. M. Eckel. Des weiteren danke ich der Frau Dr. B. Hasse von der Fa. ROWO Coating für die Durchführung umfangreicher Transmissions- und Streulichtmessungen.

Stuttgart, Oktober 1998 Patrick Markschläger

Inhaltsverzeichnis

0 Symbol- und Abkürzungsverzeichnis

Symbolverzeichnis

Größe	Einheit	Bezeichnung
A	mm^2	Fläche
A	mbar	Integrationskonstante
B	K	Verdampfungsmaterial abhängige Konstante
$\bar{c}$	$m\,s^{-1}$	mittlere Geschwindigkeit der Dampfteilchen
d	mm	Durchmesser
D_j	$J\,s\,kg^{-1}\,m^{-1}$	Diffusionskoeffizient
e	C	Elementarladung ($e = 1{,}6021892 \cdot 10^{-19}$ C)
E	$V\,m^{-1}$	Feldstärke
E_i	eV	Ionenenergie
E_n	eV	Energie der Neutralteilchen
Δf	s^{-1}	Frequenzänderung
f	s^{-1}	Frequenz
f_Q	s^{-1}	Schwingquarzfrequenz
F	N	Kraft
G	$g\,cm^{-2}\,s^{-1}$	abdampfende Menge
H	$N\,mm^{-2}$	Haftfestigkeit
ΔH	kJ	Verdampfungsenthalpie
I	A	Stromstärke
j	$A\,m^{-2}$	Stromdichte
k	$J\,K^{-1}$	Bolzmannsche Konstante ($k = 1{,}380662 \cdot 10^{-23}\,J \cdot K^{-1} \cong 8{,}6178 \cdot 10^{-4}\,eV \cdot K^{-1}$)
$\bar{l}$	m	mittlere freie Weglänge allgemein
$\bar{l}_A$	m	mittlere freie Weglänge ohne Stoßprozeß A
l_D	m	Debye-Länge
m	kg	Masse eines Dampfteilchens
m	–	Massenbeladung
m_e	kg	Elektronenmasse (in Ruhe $m_e = m_0 = 9{,}109534 \cdot 10^{-31}$ kg)
m_i	kg	Ionenmasse
m_F	$kg\,m^{-2}$	Flächendichte der Fremdschicht
m_Q	$kg\,m^{-2}$	Flächendichte des Quarzes
M_{mol}	$kg\,kmol^{-1}$	molaren Masse
n	m^{-3}	Teilchenanzahl
n_n	m^{-3}	Neutralteilchendichte
n_e	m^{-3}	Elektronendichte, Ladungsträgerdichte
n_i	m^{-3}	lonendichte (einfach positiv)
N	–	Anzahl der die Oberfläche verlassenden Teilchen

$\mathbf{N_A}$	Moleküle mol^{-1}	Avogadrokonstante ($\mathbf{N_A} = 6{,}022 \cdot 10^{23}$ Moleküle/mol)
p_D	Pa	Sättigungsdampfdruck
p_{ges}	Pa	Gesamtdruck
P	m^{-3}	Packungsdichte
$r_1\ r_2$	m	Radien des stoßenden bzw. des gestoßenen Gasteilchens
$\mathbf{R}$	kJ $kmol^{-1}$ K^{-1}	universelle Gaskonstante ($\mathbf{R} = 8{,}31441 \pm 0{,}00026$ kJ/kmol K)
R	nm	Rauhigkeit
s	µm	Schichtdicke
Δt	s	Zeit
t^+_{on}	µs	Dauer positiver Puls
t^+_{off}	µs	Dauer Pause nach positivem Puls
t^-_{on}	µs	Dauer negativer Puls
t^-_{off}	µs	Dauer Pause nach negativem Puls
T	K	Temperatur allgemein
T_e	eV	Elektronentemperatur (1 eV = 10600 K)
T_h	–	homologen Temperatur
T_m	K	Temperatur des Beschichtungsmaterials
T_s	K	Substrattemperatur
T_v	K	Temperatur der Verdampfungsquelle,
U	V	Spannung
U_b	V	Durchbruchspannung
$\underline{v}$	m s^{-1}	Teilchengeschwindigkeit allgemein
$\bar{v}$	m s^{-1}	mittlere thermische Geschwindigkeit, bzw. mittlere Geschwindigkeit des stoßenden Teilchens
v_w	m s^{-1}	wahrscheinlichste Geschwindigkeit
v_{dj}	m s^{-1}	Driftgeschwindigkeit
V_g	m^3 mol^{-1}	Molvolumen des Dampfes
V_f	m^3 mol^{-1}	Molvolumen der verdampfenden Flüssigkeit bzw. des sublimierenden Festkörpers
V_{mol}	m^3 mol^{-1}	das Molvolumen
$\underline{W}$	eV	Teilchenenergie
$\overline{W}$	eV	mittlere Energie
$\overline{W}_e$	eV	mittlere Elektronenenergie
x	m	Weg
x, y	µm	Kalottenabmessungen
X	–	Flußionisationsgrad (Ionenfluß/Gesamtteilchenfluß)
z	kg m^{-2} s	Schallkennimpedanz
α	–	Ionisierungsgrad
α_c	–	kritische Ionisationsgrad
α_T	–	Ionisationskoeffizient
γ	–	Ausbeute (Anzahl der emittierten Elektronen pro

		auftreffendem Ion)
ε_0	$V\,s\,A^{-1}\,m^{-1}$	elektrische Feldkonstante (Influenzkonstante) ($\varepsilon_0 = 8{,}854187 \cdot 10^{-12}\ V\,s\,A^{-1}\,m^{-1}$)
μ_j	$m^2\,V^{-1}\,s^{-1}$	Beweglichkeit
σ_A	m^2	Wirkungsquerschnitt
σ_{sl}	$N\,mm^{-2}$	Grenzflächenspannung
σ_s	$N\,mm^{-2}$	Oberflächenspannung des Festkörpers
σ_l	$N\,mm^{-2}$	Oberflächenspannung der Flüssigkeit
θ	–	Rand- oder Kontaktwinkel
ϕ	–	Wechselwirkungsparameter
ν	s^{-1}	Stoßfrequenz
ν_A	$m^{-2}\,s^{-1}$	Wandstoßrate
ν_V	$m^{-3}\,s^{-1}$	Volumenstoßrate
ϕ	$m^2\,A\,V^{-1}$	Leitfähigkeit des Plasmas

Abkürzungsverzeichnis

CD	Chemical Deposition
DC	Direct Current (Gleichstrom)
EDX	Energie Dispersive Röntgenanalyse
ECD	Electro Chemical Deposition
ECR	Electro Cyclotron Resonance
GHz	Gigahertz (10^9 Hz)
h	Stunde
HF	Hochfrequenz
IR	Infrarot
min	Minute
Me	Metall
MHz	Megahertz (10^6 Hz)
PC	Polycarbonat
PVD	Physical Vapour Deposition
REM	Raster Elektronen Mikroskop
UV	Ultraviolett

1 Einleitung

1.1 Ausgangsbedingung und Problemstellung

Sowohl aus wirtschaftlichen als auch aus werkstoffspezifischen Gründen werden Bauteile aus Kunststoff und Kunststoffverbunden zunehmend industriell eingesetzt und verdrängen dort zunehmend klassische Werkstoffe wie Metalle und Gläser. Insbesondere das niedrige spezifische Gewicht und die auf den Anwendungsfall abstimmbaren chemischen und mechanischen Eigenschaften sind Gründe für den häufigen Einsatz dieser Werkstoffe [Becker 97].

Durch die Auswahl des geeigneten Kunststoffs bzw. Faserverbundmaterials können Steifigkeit, Elastizitätsmodul, Bruchdehnung, Schwingfestigkeit oder gar optische Eigenschaften in weiten Grenzen variiert werden [Adams 89, Zettler 89]. Die konstruktive Nutzung dieser Eigenschaften ermöglicht es, daß im Vergleich zur konventionellen Herstellung zum Teil erhebliche Gewichtseinsparungen, verbunden mit beträchtlichen Kosteneinsparungen erzielt werden können.

Neben den genannten Vorteilen besitzen Kunststoffbauteile jedoch auch Nachteile, die ihre Einsetzbarkeit einschränken. Aus diesen Gründen kann es erforderlich sein, die Kunststoffoberfläche mit einer auf den Anwendungsfall abgestimmten dünnen Schicht von einigen nm bis zu mehreren µm zu versehen, um diesem Kunststoff völlig neue Eigenschaften, wie z.B. Oberflächenleitfähigkeit oder Verschleißfestigkeit, zu verleihen. Die Gebrauchsfähigkeit solcher beschichteter Kunststoffteile ist in großem Umfang von der abgeschiedenen Schicht abhängig. Kriterien für die Beschichtung können dabei funktioneller Natur sein, wie elektromagnetische Abschirmung [Gewinner 92, Markschläger 97a], Verschleiß- [Markschläger 97b, Hasse 96] und UV-Schutz, Dampf- und Diffusionssperren, oder dekorativen Zwecken dienen.

Techniken zur Modifizierung und Veredelung von Oberflächen spielen in der modernen industriellen Fertigung von der Optik und Elektronik bis zum Maschinenbau eine zunehmend bedeutende Rolle. Zur Aufbringung dieser funktionellen Schichten kommen die unterschiedlichsten Verfahren zum Einsatz. Dabei gewinnen sogenannte PVD (Physical Vapour Deposition) -Verfahren, trotz ihres relativ großen apparativen Aufwandes immer mehr an Bedeutung. Bei diesen Verfahren erfolgt die Beschichtung durch die Abscheidung von Materialdämpfen auf Oberflächen.

Die Gründe liegen einerseits in der Vielfältigkeit der bei PVD-Prozessen verwendbaren Schicht- und Substratmaterialien, sowie in den geringen Mengen von Ausgangsstoffen [Stoeckhert 74]. Andererseits erfordern die umweltverträglichen PVD-Prozesse nur wenige vorgeschaltene Reinigungs- bzw. Aktivierungsprozesse und keine nachgeschaltenen Entsorgungsprozesse. Gerade letztere haben einige Standardtechniken (z.B. Galvanik) so verteuert, daß auch unter wirtschaftlichen Gesichtspunkten die PVD-Technik als Ersatz für Standardtechniken interessant wird.

Die wesentlichen Nachteile der "klassischen" PVD-Verfahren, wie z.B. dem Aufdampfen oder dem Sputtern, sind die schlechte Haftung der Schicht auf der Oberfläche und eine durch den Schichtwachstumsprozeß bedingte ungünstige Struktur des aufgedampften Materials, was sich z.B. in schlechtem Verschleißverhalten, starker Korrosionsanfälligkeit, in schlechter elektrischer Leitfähigkeit und in Brüchigkeit äußert.

1.2 Zielsetzung und Lösungsweg

Der anodische Vakuumbogen als relativ neues PVD-Verfahren stellt eine rein metallische Plasmaquelle dar, die einen im Bereich von 1% bis 30% einstellbaren Ionisationsgrad besitzt [Mausbach 94a]. Die kinetische Energie der kondensierenden Metallionen liegt in der Größenordnung einiger eV (1 eV = 11600 K). Aufgrund des im Vergleich zum Sputtern viel höheren Ionisationsgrades eröffnet sich hier die Möglichkeit, die kinetische Energie der kondensierenden Ionen durch das Anlegen einer Biasspannung an das Substrat gezielt zu vergrößern und damit die Schichteigenschaften, wie z.B. die Haftung zu verbessern bzw. die thermische Belastung des Kunststoffes während der Beschichtung zu beeinflussen. Ein weiterer Vorteil des anodischen Arc-Verfahrens besteht in den gleichmäßigen, dichten und dropletfreien Schichten, die bei hohen Beschichtungsraten (0,1 - 100 µm/min) im nichtreaktiven Betrieb abgeschieden werden [Ehrich 90a, Ehrich 90b, Mausbach 90].

Die wenigen wissenschaftlichen Arbeiten auf diesem Gebiet befassen sich hauptsächlich mit der plasmaphysikalischen Beschreibung des anodischen Bogens und den Transportvorgängen von Teilchen in Metalldampfplasmen (vornehmlich in Kupferdampfplasmen).

Inhalt dieser Arbeit ist deshalb die Untersuchung von Eigenschaften von verschiedenen Metalloxidschichten, die erstmalig mit dem anodischen Vakuumbogen abgeschieden wurden. In erster Linie sollen dabei die Eigenschaften Haftfestigkeit der abgeschiedenen Schicht und deren Verschleißverhalten betrachtet werden. Da es sich bei den in dieser Arbeit abgeschiedenen Metalloxidschichten um hoch transparente Schichten handelt, sollen die Schichten hauptsächlich auf transparentem Polycarbonatplatten abgeschieden werden. Technische Anwendungen aus dem Bereich des Verschleißschutzes sollen dabei im Vordergrund stehen.

Um Metalloxidschichten abzuscheiden muß das anodische Arc-Verfahren reaktiv betrieben werden. Dies soll durch geeignete Wahl der Reaktivgaszuführung, der Tiegelmaterialien und der Beschichtungsparameter erfolgen. Eine Optimierung der Haftfestigkeit des Schicht-Substrat-Verbundes und des Verschleißverhaltens des gesamten Systems, wird durch eine angepaßte Vorbehandlung (Modifikation der Substratoberfläche in Mikrowellenplasmen) und durch eine Optimierung der Beschichtungsparameter erfolgen. Des weiteren sollen verfahrenstechnische Vorteile und Nachteile dieses Prozesses aufgezeigt werden.

Der Lösungsweg zur Erreichung der oben beschriebener Zielsetzung wird nachfolgend dargelegt.

Zunächst wird in Kapitel zwei der aktuelle Stand der Technik und der wissenschaftlichen Arbeiten auf diesem Gebiet beschrieben und bewertet. Dabei sollen insbesondere die verschiedenen zur Kunststoffbeschichtung angewandten Verfahren diskutiert und die Möglichkeiten, die sich durch die Anwendung des anodischen Vakuumbogens ergeben, aufgezeigt werden. Die vakuumtechnischen, plasmaphysikalischen und schichttechnischen Grundlagen, welche zur Lösung der Problemstellung maßgebend sind, sind Gegenstand des dritten Kapitels. Im vierten Kapitel wird der für die experimentellen Untersuchungen verwendete Versuchsaufbau beschrieben. Die Versuchsdurchführung wird im fünften Kapitel beschrieben und die daraus resultierenden Ergebnisse werden im sechsten Kapitel dargelegt und diskutiert. Im siebten Kapitel werden mögliche Anwendungen aus den Ergebnissen abgeleitet, und an Beispielen aus der industriellen Praxis validiert. Kapitel acht faßt die Ausgangslage, die daraus resultierende Problem- bzw. Aufgabenstellung, die Zielsetzung und das Ergebnis zusammen. Ausgehend von der Bewertung im siebten Kapitel, wird hier auch ein Ausblick für den industriellen Einsatz dieser Technologie gegeben.

2 Stand der Technik

2.1 Beschichten von Kunststoffen

Die moderne industrielle Produktionstechnik kann in drei Hauptgruppen Fertigungstechnik, Verfahrenstechnik und Energietechnik unterteilt werden. Das Beschichten stellt eine Hauptgruppe der Fertigungstechnik dar und kann selbst wieder in Gruppen unterteilt werden (vgl. Abb. 2.1) [Warnecke 93].

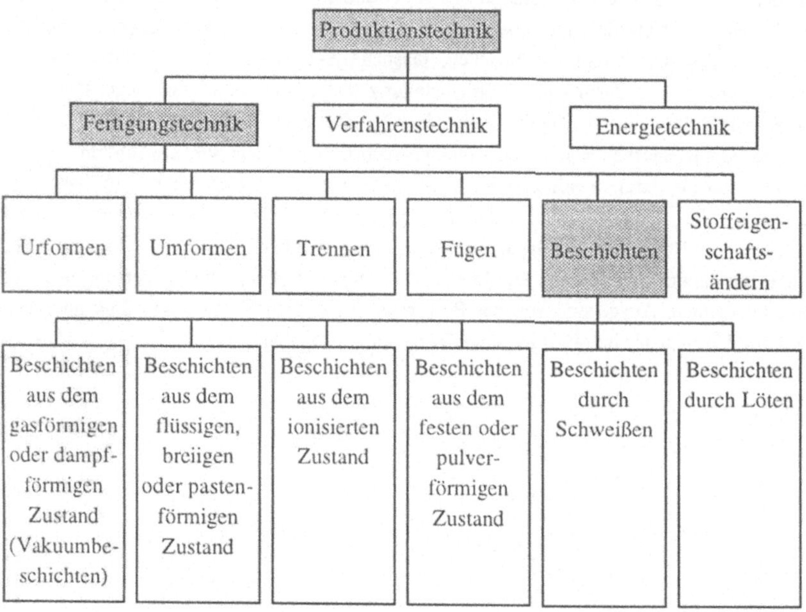

Abb. 2.1: Eingliederung der Beschichtungstechnik in das Umfeld der Produktionstechnik

Welches Beschichtungsverfahren zur Anwendung kommt hängt sehr stark von der Anwendung und von den spezifischen Werkstoffeigenschaften des Substratmaterials ab. So spielt bei der Beschichtung von Kunststoffsubstraten, neben der Beständigkeit gegen die bei der Beschichtung eingesetzten Chemikalien, die Temperaturbelastung eine entscheidende Rolle. Ausgenommen der in den letzten Jahren entwickelten Hochleistungskunststoffen wie beispielsweise Polyimid, welches Temperaturen von über 300°C unbeschadet standhält [Menges 84], liegt die maximale Gebrauchstemperatur von über 90% der derzeitig beschichteten Kunststoffe zwischen 57°C (Polyamid) und 149°C (Polycarbonat). Beim Beschichten müssen diese Grenzwerte Beachtung finden, da der Werkstoff ansonsten unzulässig verformt oder zerstört werden können. Im folgenden wird der Stand der Technik der zur Kunststoffbeschichtung eingesetzten Verfahren dargelegt und diskutiert.

2.1.1 Chemische und elektrochemische Verfahren zur Kunststoffbeschichtung

Traditionell werden zum Beschichten von Kunststoffen chemische und elektrochemische Verfahren eingesetzt. Um eine ausreichende Haftfestigkeit der Schicht auf dem Substrat zu erzielen, muß die Substratoberfläche vor der Beschichtung grundsätzlich von Fetten, Ölen, Mikropartikel und gegebenenfalls von Rückständen aus der Herstellung (z.B. Trennmittelreste beim Spritzgießen) befreit und vorbehandelt werden. Für das Reinigen von Bauteilen wurde dazu eine große Anzahl von Systemen auf organischer bzw. anorganischer wäßriger Basis entwikkelt. Eine sehr zuverlässige Methode stellt das Reinigen von Kunststoffoberflächen mit chlorierten Kohlenwasserstoffen dar [Adams 88]. Auch Trennmittelreste auf Silikon- und Wachsbasis lassen sich hiermit zuverlässig entfernen. In jüngster Zeit wurden unter dem Druck gesetzlicher Vorschriften in verstärktem Maße wäßrige Systeme auf Tensidbasis, gegebenenfalls mit Unterstützung von Ultraschall, eingesetzt. Je nach Art der Kontamination kommen alkalische, neutrale bzw. saure wäßrige Reiniger zum Einsatz. Bei geeigneter Konzeption der Reinigungsanlage kann das wäßrige Reinigen weitgehend abwasserfrei und vollkommen abluftfrei betrieben werden [Gramm 91].

Bis Anfang der sechziger Jahre hat man die Kunststoffoberfläche mechanisch mit Schleifmitteln (z.B. mit Aprikosenkernen, Sand, Metallschrott) aufgerauht [Ebneth 91], um auf diese Weise eine bessere Haftung durch mechanische Verankerung zu erzeugen. Diese sogenannte Druckstrahlläppverfahren ist jedoch sehr umständlich und nur schlecht zu reproduzieren. Aus diesem Grund entstanden chemische Konditionierungsverfahren zur Aufrauhung der Oberfläche. Dieser Verfahrensschritt wird auch als Beizen bezeichnet. Hierzu werden wäßrige Beizlösungen aus Chrom-, Schwefel- oder Phosphorsäure verwendet. Einige thermoplastische Kunststofftypen, die aus kristallinen und amorphen Anteilen bestehen (z. B. Polycarbonat), benötigen ein Quellen der amorphen Kunststoffbereiche durch das Anlösen der oberflächennahen Zonen, um eine haftfeste Beschichtung auf der Polymeroberfläche zu erreichen.

Nach der Reinigung der Bauteile erfolgt in der Regel die Aktivierung der Oberfläche. Um die chemische Metallabscheidung im Metallisierungsbad zu starten, müssen auf der gebeizten Kunststoffoberfläche Edellmetallkeime (vornehmlich Palladium) vorhanden sein, die das metastabile Gleichgewicht des chemischen Reduktionsbades so stören, daß ein Selbstzerfall des Bades an der Oberfläche der Metallkeime (Katalysator) beginnt. Diese Edelmetallkeime werden durch Tauchen in geeigneten Aktivatorlösungen haftfest auf der aufgerauhten Oberfläche verankert [Ebneth 91].

Nach der Aktivierung können die Substrate chemisch metallisiert werden, wodurch die Kunststoffoberfläche elektrisch leitend wird. Dies stellt die Grundlage für das nachfolgende elektrochemische Metallisieren dar. Die technisch bedeutsamste Methode zum chemischen Metallisieren ist das Abscheiden durch autokatalytische Reduktion. Hierbei werden im Elektrolyten in Lösung komplexgebundene Metallionen durch Aufnahme von Elektronen reduziert. Die Elektronen werden durch ein im Elektrolyten befindliches Reduktionsmittel zur Verfügung gestellt. Die Reduktion der Metallionen erfolgt nur an katalytisch wirkenden Metalloberflächen. Um einen kontinuierlichen Ablauf dieser Reaktion zu gewährleisten, muß das abgeschiedene Metall selbst katalytisch wirksam sein, da andernfalls die Reaktion abbricht, nachdem sich eine geschlossene Metallschicht gebildet hat. Die beiden wichtigsten bei der Kunststoffmetallisierung eingesetzten Metalle sind Kupfer und Nickel [Ebneth 91].

Gegenüber dem elektrolytischen Abscheiden von Metallschichten besitzt das chemische Abscheiden zwei bedeutende Vorteile. Zum einen können, nach einer geeigneten Aktivierung der Oberflächen, Nichtleiter beschichtet werden. Zum anderen besitzen chemisch abgeschiedene Schichten eine gleichmäßige Schichtdicke, solange ein kontinuierlicher Austausch der Wirkstoffe entlang der Substratoberfläche erfolgt. Wichtige Anwendungsgebiete sind hierbei insbesondere durchkontaktierte Leiterplatten für gedruckte Schaltungen sowie dekorative Schichten im Automobilbau und für Haushaltsartikel [Haefer 87].

In einem weiteren Verfahrensschritt kann die chemisch abgeschiedene Leitschicht galvanisch verstärkt werden. Ein einwandfreies Verankern des galvanisch aufgebrachten Überzuges auf der Leitschicht wird durch ein Dekapieren (Abbeizen) der Teile in verdünnter Schwefelsäure erreicht. Hierdurch wird die Leitschichtoberfläche aktiviert. Das elektrochemische Abscheiden von Metallschichten erfolgt zumeist aus wäßrigen Elektrolyten. Die Reduktion der in Lösung befindlichen Metallionen läuft unter Einwirkung eines von außen aufgebrachten Stromes ab. An der Oberfläche des als Kathode geschalteten Substrats nehmen die Metallionen die zur Reduktion erforderlichen Elektronen auf und bilden eine Metallschicht. In einfachster Form läßt sich die kathodische Reaktion der elektrolytischen Metallabscheidung durch folgende Gleichung beschreiben [Ebneth 91]:

$$Me^{n+} + n \cdot e^- \rightarrow Me^0 \tag{2.1}$$

Wird mit löslichen Anoden, wie bei der elektrolytischen Kupfer- und Nickelabscheidung, gearbeitet, so kann die anodische Reaktion durch folgende Gleichung beschrieben werden [Ebneth 91]:

$$Me^0 \rightarrow Me^{n+} + n \cdot e^- \tag{2.2}$$

Das Spektrum der Metalle und Legierungen, die sich elektrolytisch abscheiden lassen ist sehr groß. Ein großer Vorteil des elektrochemischen Abscheidens von Schichten ist die im Vergleich zur chemischen Abscheidung hohe Abscheiderate. Für das elektrochemische Metallabscheiden auf Kunststoffen lassen sich viele Anwendungsgebiete benennen. Beispiele für industriell eingesetzte elektrochemische Schichten können folgender Tabelle 2.1 entnommen werden.

Funktionsbereich	Beispiele für Produkte
Oberflächenschutz	Schrauben, Nägel, Stahlbauteile, Motorenzubehör, Zubehör für bremsen, Felgen, Armaturen, Automobilchromteile, Federn, Walzen, Reaktionsbehälter mit Mischer, Formen, Maschinennadeln, Ziehwerkzeuge, Bohrer
Dekoration	Fahrzeugembleme, Schmuck, Besteck, Geschirrzubehör, Pokale Musikinstrumente, Schreibgeräte, Lampen-, Brillenfassungen
Leiterplattentechnik	Leiterplatten, Durchkontaktierungen
Elektronik	Steckverbindungen, Schwachstromkontakte, Halbleiter, Gehäuse mit EMV-Abschirmung
Speichertechnik	Magnetspeicherplatten
Medizintechnik	chirurgische Instrumente

Tabelle 2.1: Produktbeispiele, zu deren Herstellung die Galvanotechnik genutzt wird [Aul 96].

Ein großer Nachteil galvanischer Metallisierungsprozesse ist, wie aus den vorangegangenen Ausführungen ersichtlich, die aufwendigen vorgeschaltenen Reinigungs- bzw. Aktivierungsprozesse der Kunststoffsubstrate, für die mehrere sequentielle Einzelprozesse notwendig sind und nachgeschaltene aufwendige Entsorgungsprozesse. Nach *Herrmann* sind teilweise 12 verschiedene chemische Bäder notwendig, bis es zur eigentlichen Beschichtung kommt [Herrmann 93]. Da viele der zu beschichtenden Kunststoffe chemikalienbeständig sind, müssen häufig sehr aggressive Oxidationsmittel (z.B. Chromschwefelsäure oder Phosphorsäure) eingesetzt werden. Die Notwendigkeit einer exakten Abstimmung auf die spezifischen Kunststoffeigenschaften macht diese Verfahrensschritte gegenüber unterschiedlichen Materialien äußerst inflexibel [Boone 93]. Zudem sind die chemischen Stoffe zum Beizen und Anquellen der Oberflächen unter Umweltgesichtspunkten sehr bedenklich. Notwendige Maßnahmen zur Arbeitssicherheit und Abwasseraufbereitung verursachen einen bedeutenden Teil der Beschichtungskosten [Feldmann 96]. Außerdem lassen sich mit chemischen und elektrochemischen Verfahren keine optische Metalloxidschichten abscheiden [Haefner 87].

Neben naßchemischen Verfahren werden zunehmend PVD-Verfahren zum Beschichten von Kunststoffen eingesetzt. Das technische Potential der PVD-Verfahren liegt vor allem darin, daß sich im Prinzip Schichten mit beliebiger chemischer Zusammensetzung auf fast jedem Substratmaterial erzeugen lassen. So können neben Metallen und Legierungen auch Nichtmetalle, ternäre und quarternäre Verbindungen sowie Kohlenstoff-, Diamant- und diamantähnliche Schichten abgeschieden werden [Aul 96]. Sie ermöglichen ein trockenes, umweltfreundliches Metallisieren der Substrate.

2.1.2 Plasmapolymerisation zur Kunststoffbeschichtung

Im Unterschied zur klassischen Polymerisation, deren Polymere durch eine, meist thermisch angeregte, Vernetzung definierter Ausgangsmonomere entstehen, beruht die Plasmapolymerisation auf einer Reaktion zwischen aktiven, durch Elektronenstoß in einer elektrischen Gasentladung gebildeten, Radikalen. Die dazu notwendigen Voraussetzungen sind eine Vakuumkammer zur Erzeugung von Drücken zwischen 1 und 100 Pa, zwei Elektroden, die auch aus Teilen des Rezipienten gebildet werden können, ein HF-Generator sowie eine Gasversorgungseinheit (vgl. Abb. 2.2). Gleichstromquellen kommen in der Plasmapolymerisation nicht zur Anwendung, da sich üblicherweise gut isolierende Schichten ausbilden, die ein kontinuierliches Betreiben eines Gleichstromplasmas verhindern [Wohlrab 95].

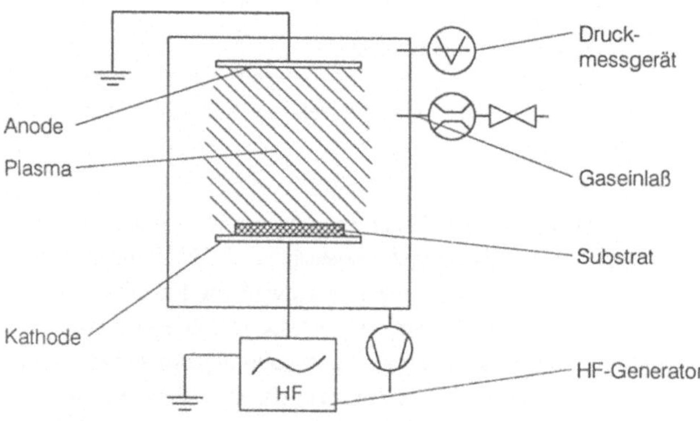

Abb. 2.2: Prinzipskizze des Plasmapolymerisationsverfahrens

Nach *Leiber* kann eine Gasentladung für Beschichtungszwecke auch durch Wechselspannungs- oder Mikrowellenanregung gezündet werden. Ein Wechselspannungsplasma zeichnet sich dabei durch einfache Handhabung aus und erlaubt die Erzeugung großvolumiger Plasmen mit guter Homogenitat. Der Ionisationsgrad und die Abscheidegeschwindigkeit sind allerdings sehr gering (einige µm/h). Im Gegensatz dazu ist der Ionisationsgrad und die Abscheidegeschwindigkeit bei Mikrowellenplasmen höher aber die Anwendung insbesondere im Bereich großvolumiger Plasmen ist äußerst schwierig [Leiber 92].

Bei der Plasmapolymerisation werden Moleküle dem Plasma in der Gasphase ausgesetzt, und es kommt zur Fragmentierung in kurze, angeregte Molekülbruchteile, die vorzugsweise nach

Anlagerung und Diffusion auf einer dem Plasma ausgesetzten Oberfläche mit anderen Bruchstücken vernetzen. Es kann aber auch schon in der Gasphase zur Reaktion und Clusterbildung dieser hochreaktiven Molekülverbände kommen, die gleichzeitig einer stetigen Neufragmentierung durch Elektronenstöße bzw. Plasmastrahlung ausgesetzt sind. Erreichen die Cluster eine kritische Größe, kommt es zu einem unerwünschten Entstehen von Partikeln im Volumen, der sogenannten Gasphasenpolymerisation. Durch eine spezielle Prozeßführung und die richtige Wahl des bzw. der Ausgangsmonomere kann dieser, besonders bei der Herstellung hochwertiger Oberflächen in der Halbleiter- und optischen Industrie, störende Nebenprozeß vermieden werden [Wohlrab 95].

Als Monomere kommen für die Plasmapolymerisation alle organischen Verbindungen mit Dampfdrücken größer als 100 Pa bei 20°C in Betracht. Die einzelnen Monomere unterscheiden sich trotz der weitgehenden Fragmentierung erheblich in der erreichbaren Abscheidungsgeschwindigkeit und in den Schichteigenschaften.

Gruppe	Monomere
I	Acrylsäure, Acrylnitril, Ferrocen, Methylmethacrylat, Styrol, Vinylferrocen
II	Acetylen, Annilin, Ethylen, Benzol, Butadien, Cyclohexen, Diethylvinylsilan, Divinylbenzol, Hexamethyldisiloxan, Hexamethyldisilazan, Methylethylen, N-Vinylpyrrolidon, Propylen, Propylenoxid, Pyridin, 1,3,5-Trichlorbenzol, Tetramethylsilan, Toluol, Triethylsilan, Vinylacetat, Xylol
III	Chlorodifluormethan, Chlorodifluorethylen, Hexafluoropropan, Hexafluoropropylen, Perfluorobuten-2, Tetrafluoroethylen, Trifluoroethylen

Tabelle 2.2: Monomere [Haefer 87]

Schnell wachsende Schichten bis zu 1 µm/min kann man mit Monomeren der Gruppe I erreichen (vgl. Tabelle 2.2), während mit den Fluorverbindungen der Gruppe III nur sehr geringe, unter bestimmten Umständen auch negative Wachstumsraten erreicht werden, da die im Plasma entstehenden F- und HF-Radikale eine stark ätzende Wirkung auf Oberflächen ausüben. Die Monomere der Gruppe II nehmen eine Mittelstellung in der Abscheidegeschwindigkeit ein. Aus Gründen, welche die Schichtqualtität und die Reproduzierbarkeit betreffen, werden bei heute üblichen industriellen Verfahren meist Wachstumsraten zwischen 10 und 100 nm/min angewandt [Wohlrab 95].

Die Schichteigenschaften des fertigen Polymers werden stark von der Zusammensetzung des Ausgangsmonomers bestimmt. Eine besondere Rolle kommt dabei den Heteroatomen zu. Fluorhaltige Plasmapolymere zeigen extrem niedrige Reibungskoeffizienten, Silane und organische Siliziumverbindungen eigenen sich, in Kombination mit O_2 als Reaktivgas, besonders für Verschleißschutzschichten, titanhaltige Monomere ermöglichen die Bildung von Schichten mit hohem Brechwert.

Wohlrab berichtet über eine kratzfeste Beschichtung auf CR39, welche mittels Plasmapolymerisation hergestellt wurde. Bei CR39 handelt es sich um einen gegossenen Kunststoff auf Diallyl-glycol-carbonat-Basis, der heute weltweit als Grundmaterial für einen Großteil der organischen Linsen für Brillen eingesetzt wird. Der Schichtaufbau besteht dabei im wesentlichen aus einer Haftschicht und drei aufeinanderfolgende Hartschichten mit steigendem SiO_X-Gehalt, so daß ein kontinuierlicher Übergang der Schichteigenschaft von einer dem Kunststoffsubstrat angepaßten Zone bis zu einer glasähnlichen Schicht an der Oberfläche erfolgt. Der organische Anteil des siliziumhaltigen Ausgangsmonomers wird dabei gegen Prozeßende durch Erhöhung der RF-Leistung und des O_2-Partialdrucks zu einem immer größeren Anteil zu CO_2 bzw. flüchtigen organischen Bruchstücken zerlegt, die abgepumpt werden, während Silizium als SiO_XC_Y auf den Oberflächen abgeschieden wird. Im sichtbaren Bereich (Wellenlänge zwischen 400 nm und 800 nm) wird die Transmission durch die Schicht um etwa 2% auf 93% bei vernachlässigbarer Modulation erhöht [Wohlrab 95]. Die Abriebbeständigkeit war dabei weitgehend vergleichbar mit modernen Hartlacken.

In einer Veröffentlichung aus dem Jahre 1992 berichtet *Leiber* von kratzfesten Beschichtungen auf PMMA. Hier wird im Gegensatz zu *Wohlrab* mit Mikrowellenplasmen gearbeitet [Leiber 92]. Die Kratzfestigkeit der abgeschiedenen Schichten, die mit dem Sandrieseltest ermittelt wurde, sind denen naßchemisch hergestellten Hartlacken vergleichbar.

2.1.3 Physikalische Verfahren zur Kunststoffbeschichtung

Physikalische Abscheideverfahren haben seit langem zur Veredelung von Oberflächen eine eigenständige Bedeutung erlangt. Unter dem Begriff PVD (**P**hysical **V**apour **D**eposition) werden Beschichtungsverfahren verstanden, mit denen Metalle, Legierungen oder chemische Verbindungen durch Zufuhr thermischer Energie oder durch Teilchenbeschuß im Hochvakuum abgeschieden werden. Zu den PVD-Verfahren zählen:

- Aufdampfen im Hochvakuum (elektrische Widerstandsheizung, Elektronenstrahlverdampfung, Lichtbogenverdampfung)
- Ionenplattieren (ion plating)
- Kathodenzerstäubung (Sputtern)

Alle drei Verfahren können auch in einer Reaktionsgasatmosphäre ablaufen zum Herstellen von aus chemischen Verbindungen bestehenden Schichten. Bei der Ionenimplantation handelt es sich im eigentlichen Sinne um kein Beschichtungsverfahren. Durch eine Kombination aus Abscheideverfahren und Ionenimplantation können aber die Eigenschaften sowohl des Festkörpers als auch der Schicht gezielt beeinflußt werden.

Die PVD-Verfahren lassen sich in plasmagestützte und nicht plasmagestützte Verfahren unterteilen. Dabei handelt es sich nur bei dem klassischen Aufdampfen (elektrische Widerstandsheizung) um einen nicht plasmagestützten Prozeß. Alle anderen Verfahren Nutzen ionisierte oder angeregte Teilchen bei der Abscheidung, wobei der Ionisationsgrad, das Verhältnis aus ionisierten Teilchen zu der gesamten Teilchenanzahl wiedergibt.

Der Einfluß von angeregten oder ionisierten Gas- oder Dampfteilchen auf den Schichtbildungsprozeß und die Schichteigenschaften ist für viele Anwendungen der Dünnschichttechnik sehr vorteilhaft, so daß versucht wird, auch beim Aufdampfen geladene Teilchen herzustellen und damit ähnliche Wirkungen wie bei der Kathodenzerstäubung oder beim Ionenplattieren zu erzielen [Mausbach 95, Kienel 90, Broszeit 78].

PVD-Schichten werden z.B. eingesetzt als transparente, wärmedämmende und kratzfeste Schichten auf Architekturglas, als funktionelle Schichten auf Filtern und Optiken, als Schutzschicht auf Flugzeug- und Kraftwerkturbinen, als reibmindernde Schichten für Pumpen-, Hydraulik- und Maschinenkomponenten, in der Folienbeschichtung, bei der Beschichtung von CDs, als elektromagnetische Schirmschicht auf Gehäusen oder für medizinische Implantate. Beispiele für die industriell genutzte PVD-Schichten zeigt Tabelle 2.3.

Funktionsbereich	Beispiele für Produkte
Oberflächenschutz	Werkzeuge, Hartmetallschneidplatten, Bohrer, Stanzformen, Stempel, Schneidwerkzeuge, Formen, Druckgußformen, Maschinenteile, Scheinwerferreflektoren, Motorteile, Kolben
Dekoration	Brillenfassungen, Uhrgehäuse und -bänder, Schreibgeräte, Schlüsselanhänger, Schmuck, Werbemittel
Optik	optische Sensoren, Architekturglas, Brillengläser, Linsen, Prismen, Spiegel, Filter, Beleuchtungskörper
Optoelektronik	Solarzellen, Foto-Laserdioden
Elektronik	Displays, Sensoren, Gehäuse
Speichertechnik	Speicherplatten, Magnetköpfe, Magnetbänder, CDs
Barrieretechnik	Verpackungsfolien, Kunststofftanks
Medizintechnik	Implantate, Endoskope, Kaltlichtspiegel

Tabelle 2.3: Produktbeispiele, zu deren Herstellung PVD-Verfahren eingesetzt werden [Dimigen 94, Aul 96]

2.1.3.1 Aufdampfen im Hochvakuum

Beim Aufdampfen wird der Beschichtungswerkstoff durch Erhitzen in den dampfförmigen Zustand überführt. Dies erfolgt entweder durch widerstandsbeheizte Verdampfer, durch Induktionsverdampfer, durch Elektronenstrahlverdampfer oder durch Lichtbogenverdampfer entweder kathodisch (kathodischer Vakuumbogen) oder anodisch (anodischer Vakuumbogen) [Kienel 94]. Der Dampf kondensiert an dem in einem bestimmten Abstand vom Verdampfer angebrachten Substrat, wobei der Partialdruck der Restgase so niedrig gehalten werden kann ($p < 10^{-3}$ Pa), daß gasförmige Verunreinigungen in den Schichten vernachlässigbar sind [Kienel 89, Frey 87].

In einfachen Fällen werden widerstandsbeheizte oder induktivbeheizte Verdampfungsquellen (vgl. Abb. 2.2a), die es in vielen Formen und Größen gibt und die aus hochschmelzenden Materialien wie Tantal, Wolfram oder Molybdän bestehen, verwendet. Strenggenommen handelt es sich nur bei diesen Verdampfungsquellen um „plasmafreie" Quellen, alle anderen Verfahren sind mehr oder weniger plasmaunterstüzt. Die Lebensdauer solcher Quellen ist beschränkt, insbesondere beim Verdampfen stark reagierender Materialien wie z.B. Titan oder Silizium [Markschläger 95a]. Weiterhin lassen sich hochschmelzende Beschichtungsmaterialien, wie z.B. Wolfram, aus diesen Tiegeln nicht verdampfen.

Ein charakteristisches Merkmal des klassischen Aufdampfens ist die verhältnismäßig geringe Energie der Dampfteilchen. Sie liegt etwa zwischen 0,1 und 0,3 eV [Hasse 92]. Im Gegensatz zu den plasmagestützten Beschichtungsprozessen (Kathodenzerstäubung, Ionenplattierung, Lichtbogenverdampfen) reicht beim konventionellen Aufdampfen vor allem bei hochschmelzenden Metallen oder Verbindungen die Oberflächenbeweglichkeit der Dampfteilchen beim Kondensieren auf der Substratoberfläche oft nicht aus, um Schichten zu erzeugen, die einen kompakten Aufbau haben und deren Materialeigenschaften denen des Festkörpermaterials entsprechen [Markschläger 95a, Mausbach 93, Ehrich 91]. Auch eine Erhöhung der Substrattemperatur, welche die Oberflächendiffusion begünstigen würde, ist oft und gerade bei der in dieser Arbeit betrachteten Kunststoffbeschichtung nicht möglich.

Aus chemischen Verbindungen bestehende Schichten wie Karbide, Oxide und Nitride werden durch reaktive Prozesse hergestellt. In solchen Fällen wird über ein Dosierventil nach dem Evakuieren des Rezipienten auf Hochvakuum ein entsprechendes Reaktivgas zugegeben (vgl. Abb. 2.2/b). Dieses Verfahren geht auf ein Patent von *Auwärter* aus dem Jahre 1953 zurück. Verdampfungsgeschwindigkeit und Partialdruck des Reaktionsgases müssen genau aufeinander abgestimmt sein. Transparente Verschleißschutzschichten mit einem relativ hohen Schmelzpunkt wie z.B. Siliziumoxid-Schichten, entwickeln auf dem Substrat bei der Kondensation bedingt durch die mangelnde Oberflächenbeweglichkeit einen sehr porösen, schlecht haftenden Schichtaufbau und können deshalb nicht mit klassischen Aufdampfverfahren auf Kunststoffsubstraten mit zufriedenstellender Güte hergestellt werden.

Mit Elektronenstrahlkanonen dagegen können alle Materialien aus einem wassergekühlten Kupfertiegel verdampft werden. Reaktionen zwischen Tiegel und Beschichtungsmaterial treten wegen der „kalten" Tiegeloberfläche nicht auf. Elektronenstrahlverdampfer finden daher bevorzugt bei der Verdampfung von chemisch sehr aktiven bzw. hochschmelzenden Beschichtungsmaterialien Anwendung. Als Energieträger zur Erwärmung des Verdampfungsgutes dient dabei ein leistungsstarker Elektronenstrahl, welcher direkt auf die dampfabgebende Fläche gerichtet ist. Die thermische Wirkung des Elektronenstrahls beruht auf der nahezu vollständigen Umwandlung der kinetischen Energie der Elektronen in Wärmeenergie. Geringe Energieanteile werden außerdem bei Ionisations- und Streuprozessen verbraucht [Rother 92]. Je nach Strahlleistung, Energiedichte und Abstand zwischen Quelle und Substrat sind Kondensationsraten von 10^{-2} bis 10^{3} nm/s fast trägheitlos einstellbar [Kienel 89]. Auch das Herstellen dickerer Schichten ist somit in vertretbarer Zeit möglich.

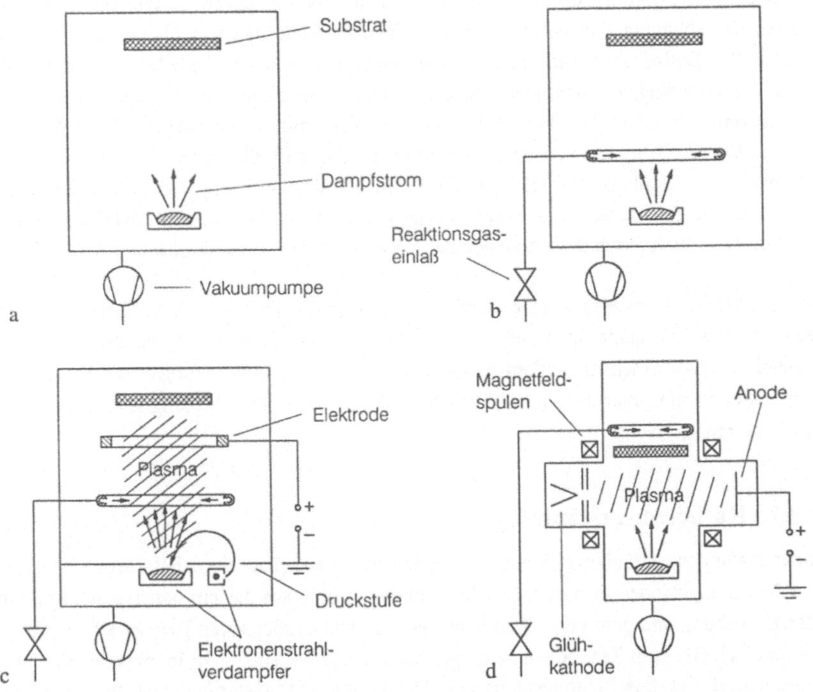

Abb. 2.3: Übersicht Aufdampfverfahren: a) konventionelles Bedampfen im Hochvakuum, b) reaktive Bedampfung, c) aktivierte reaktive Bedampfung nach *Bunshah* [Bunshah 72] und d) aktivierte reaktive Bedampfung mit Einkopplung einer Niedervoltbogenentladung.

Eine Plasmaunterstützung der Elektronenstrahlverdampfung ist auf verschiedene Arten möglich. Durch Anlegen einer negativen Spannung an den Substratteller im kV Bereich, werden die wenigen Ionen aus dem Bereich des Tiegels abgesaugt und in Richtung Substrat beschleunigt. Die Ionenstromdichte auf das Substrat ist allerdings sehr gering [Schiller 76]. Dieser Prozeß wird im Hochvakuum ausgeführt.

Nach *Bunshah* läßt sich die Plasmadichte durch eine auf positivem Potential liegende Hilfselektrode zwischen Tiegel und Substrat deutlich erhöhen (vgl. Abb. 2.3/c). Dieses Verfahren ist schon seit längerem als ARE (activated reactive evaporation) bekannt und wurde Anfang der siebziger Jahre erstmals veröffentlicht [Bunshah 72]. Die Potentialdifferenz zwischen Hilfselektrode und Tiegel liegt dabei unter 100 V. Sekundäre Elektronen aus dem Verdampfungsprozeß werden durch den Dampfstrahl hindurch beschleunigt, wobei die Energie der Elektronen im Maximum der Ionisationswahrscheinlichkeit liegt. Dies führt zu einer hohen Konzentration von Ionen im Metalldampf. Verfahrensbedingt ist die Effektivität der Entladung direkt vom Auftreten sekundärer Elektronen und damit indirekt vom Verdampfungsmaterial abhängig und ist bei hochschmelzenden Materialien mit hoher Ordnungszahl maximal. Der Entladungsstrom verläuft in Abhängigkeit von der Entladungsspannung sehr steil, d.h. relativ kleine Potentialänderungen haben einen relativ hohe Änderung des Entladungsstroms zur Folge. Der Prozeß läßt sich folglich nur schwer steuern. Nach *Mathews* kann eine Verbesserung der Steuerbarkeit und eine weitere Erhöhung der Plasmadichte durch den Einsatz von Glühkathoden erfolgen. Die Glühkathodenentladung wirkt sich dabei hauptsächlich auf die Ionisierung und Anregung der Gaskomponente aus. Der Metalldampf wird weiterhin wesentlich durch die Anodenentladung ionisiert und angeregt [Mathews 81].

Eine zusätzliche Aktivierung kann durch das Einkoppeln einer Niedervoltbogenentladung erreicht werden. Betrachtet man außer der Ionisierung und der Anregung des Metalldampfes die gleichzeitig auftretenden starken Auswirkungen auf die Verdampfungs- und Kondensationsprozesse, so muß man hier im eigentlichen Sinne von einer Kopplung zweier Beschichtungsverfahren sprechen.

2.1.3.2 Kathodenzerstäubung

Bei der Kathodenzerstäubung (Sputtern) werden durch Beschuß eines Festkörpers mit energiereichen Edelgasionen infolge Impulsübertragung Atome aus diesem herausgeschlagen, die in der Umgebung und dem gegenüberliegenden Substrat kondensieren [Kienel 89, Haefer 87, Thornton 74]. Die zum Zerstäuben benötigte Mindestenergie entspricht in etwa der Verdampfungsenthalpie des Beschichtungsmaterials. Die Energie der Dampfteilchen beträgt in etwa 0,2 bis 10 eV für die Neutralteilchen und etwa 100 bis 1000 eV für die Ionen. Der Ionisationsgrad beträgt dabei ungefähr 1%, d.h. die abgelösten Partikel sind überwiegend neutral. Wegen der um ein vielfaches höheren Energie der kondensierenden Teilchen im Vergleich zum klassischen Aufdampfen sind die Kondensationsbedingungen und das Schichtwachstum bei den beiden Verfahren verschieden. Die höhere Energie bewirkt eine höhere Oberflächenbeweglichkeit und dies wiederum führt zu dichteren Schichten mit höherer Haftfestigkeit, als dies beim Bedampfen möglich ist.

Bei der klassischen Anordnung der Diodenzerstäubung stehen sich Kathode und Substrat im Abstand von einigen Zentimetern parallel gegenüber. Nach dem Evakuieren auf Hochvakuum wird über ein Ventil ein Edelgas – meist Argon – zugeführt. Der Druck, bei dem die Entladung stattfindet, liegt üblicherweise zwischen 0,05 Pa und 7 Pa [Thornton 74]. Zwischen der Kathode und dem Substrathalter als Anode wird mit einer Gleichspannung (dc-sputtering) zwischen 500 V und 5 kV oder mit einer hochfrequenten Spannung (rf-sputtering) eine anomale Glimmentladung aufrechterhalten.

Da das Beschichtungsmaterial durch Impulsübertragung und nicht thermisch verdampft wird, kann nahezu jede Substanz zerstäubt werden. Dabei kommen HF-Entladungen für alle Materialien, insbesondere auch nicht leitende, und Gleichstrom-Entladungen nur bei gut leitenden Materialien wie z.B. Metallen zum Einsatz [Vossen 71]. Es lassen sich Kondensationsraten von 0,1 nm/s bis zu 3 nm/s erzielen [Kienel 89].

Wird das Substrat während der Beschichtung auf eine Vorspannung gelegt, so findet während der Beschichtung auch ein Abtrag statt. Dieses Zerstäuben mit Vorspannung (bias) liefert die besten Werte für Reinheit und Haftfestigkeit, bewirkt jedoch eine erhöhte Substrattemperatur. Schichtwachstum und Schichteigenschaften können durch das Anlegen einer Vorspannung in gewissen Grenzen variiert werden.

In der nachfolgenden Abbildung 2.4 sind die wesentlichen physikalischen Prozesse dargestellt, die beim Kathodenzerstäuben auftreten:

- Ionisieren der Edelgasatome,
- Sputtern des Kathodenmaterials,
- Ionisieren der Metallatome und
- Kondensation der Metallatome auf dem Substrat.

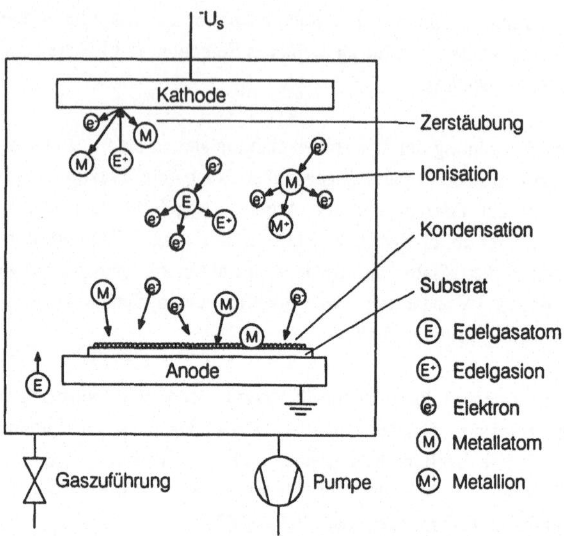

Abb. 2.4: Schematische Darstellung der beim Kathodenzerstäuben ablaufenden Prozesse

Die Herstellung von dielektrischen Schichten ist durch die Zerstäubung in reaktiver Atmosphäre (reactive sputtering) durch Beimischung eines reaktionsfähigen Gases zum Inertgas möglich. Dabei wird die hohe chemische Reaktionsfähigkeit geladener Teilchen ausgenutzt [Beister 92]. Auf diese Weise können z.B. Oxid-, Nitrid-, oder Karbidschichten erzeugt werden.

Beim Hochleistungszerstäuben werden hinter dem Target Magnete in der Weise angeordnet, daß deren Feldlinien die Targetoberfläche nahezu senkrecht durchstoßen und in einem bestimmten Bereich vor dem Target senkrecht zum elektrischen Feld verlaufen. Bei dem sogenannte Magnetronsputtern entsteht durch die Überlagerung von elektrischem und magnetischem Feld eine höhere Ionenkonzentration, die zu wesentlich höheren Abstäuberaten als beim konventionellen Sputtern führt, jedoch um mehr als eine Größenordnung geringer als beim Aufdampfen. Nach *Thornton* lassen sich beim Hochleistungszerstäuben Abscheideraten bis zu 70 nm/s realisieren [Thornton 74]. Außerdem kann die Substrattemperatur relativ niedrig gehalten werden, so daß bei nicht allzu hohen Entladungsleistungen auch Kunststoffe beschichtet werden können.

2.1.3.3 Ionenplattierung

Das Ionenplattieren ist ein von *Mattox* in den 60er Jahren entwickeltes Verfahren und stellt eine Kombination der beiden bereits erläuterten Verfahren dar. Nach *Mattox* ist das Ionenplattieren ein Vakuumbeschichtungsverfahren, bei dem die Substratoberfläche und/oder die sich abscheidende Schicht einem Teilchenstrom hinreichender Energie ausgesetzt wird, um in der Übergangszone Substrat/Schicht, dem sogenannten Interface, sowie in der Schicht selbst Veränderungen gegenüber Beschichtungen ohne Teilchenbeschuß zu verursachen [Mattox 64, Mattox 73]. Dazu kann zwischen Substrat und Rezipient eine Glimmentladung in einer Inertgasatmosphäre vor und während der Beschichtung gezündet werden. Auf dem Wege von der Verdampfungsquelle durch die Glimmentladung zum Substrat können die sich in der Dampfphase befindlichen Atome an verschiedenen Prozessen teilnehmen:

- Rückstreuung der Atome zur Quelle oder anderen Rezipiententeilen
- Kollisionen zwischen Verdampfungs-, Inertgasatomen und lonen
- lonisierung eines geringen Anteils (etwa 1%) beim Zusammenstoß von Elektronen und Atomen
- Hochenergetische, positiv geladene Metallionen werden vom elektrischen Feld, das die Glimmentladung aufrechterhält, auf die Substratoberfläche beschleunigt und können in diese Eindringen
- Zerstäubung der bereits aufgebrachten Schicht, Vermischung mit neuen Schichtatomen mit nachfolgender Anlagerung am Substrat

Der lonisierungsgrad beim Ionenplattieren ist jedoch sehr gering und liegt unter 1%.

2.1.3.4 Das kathodische Lichtbogenverdampfen

Ein thermischer Lichtbogen verdampft und ionisiert das als Kathode geschaltete Beschichtungsmaterial. Nach seiner Zündung brennt der nichtstationäre Bogen zwischen dem zu verdampfenden Material und der Anode. Kennzeichnend für den kathodischen Lichtbogen sind eine niedrige Spannung und ein hoher Bogenstrom. Die Brennspannung hängt dabei stark vom Verdampfungsmaterial ab und liegt nach *Hasse* zwischen 10,3 V für Blei und 28 V für Wolfram [Hasse 92]. Der Kathodenfleck, in dem das Material verdampft und ionisiert wird, besteht aus dem kathodischen Ansatz mit einem Durchmesser zwischen 10^{-7} und 10^{-5} m und der vorgelagerten kathodischen Plasmawolke mit eine Durchmesser von etwa 10^{-4} m. Ein einzelner Fleck hat eine Lebensdauer von etwa 10 - 100 ns, danach bildet sich in der Nachbarschaft ein neuer Fleck [Ivanov 85]. Es kommt zu einer chaotischen Bewegung mit einer Geschwindigkeit von etwa 10^2 m/s des Flecks auf der Kathodenoberfläche (random arc) [Ertürk 89]. Die Bewegung kann allerdings mit Magnetfeldern gesteuert werden (steered arc). Der Fleck kann einen Strom von bis zu 100 A tragen, bei größeren Strömen bilden sich mehrere Flecken aus. Die Stromdichte im kathodischen Fußpunkt liegt demnach in der Größenordnung zwischen 10^{10} und 10^{14} A/m².

Durch die zum Zeitpunkt der Zündung auftretenden hohen Feldstärken von 10^7 bis 10^8 V/cm werden Feldelektronen emittiert. Hierdurch wird lokal ein sehr hoher Strom erzeugt, der das Targetmaterial an dieser Stelle verdampft. Dieser Metalldampf wird von den emittierten Feldelektronen ionisiert. Das Plasma setzt sich aus Elektronen, Metallionen, Mikrodroplets und neutralem Metalldampf zusammen, wobei die Elektronen zur positiv geladenen Plasmawolke hin beschleunigt werden und dort durch Stoßprozesse den Metalldampf weiter ionisieren. Die aus der Plasmazone zur Kathode strömenden Metallionen erhalten das vorhandene hohe elektrische Feld und damit die Feldelektronenemission aufrecht. Das Fortbestehen der Bogenentladung ist davon abhängig, daß die Kathodenflecken ständig durch neue Emissionsstellen ersetzt werden, bevor sich die Ionenwolke auflöst. Auf diese Weise erhält sich der kathodische Lichtbogen selbst und kann auch im Hochvakuum betrieben werden.

Der entstehende Metalldampf wird in Abhängigkeit vom Kathodenmaterial zwischen 10% und nahezu 100% ionisiert. Mit steigendem Schmelzpunkt des Werkstoffes steigt auch der Ionisationsgrad an. Die auftretenden Ionen besitzen zu einem hohen Prozentsatz einen mehrfachen Ladungszustand (+2, +3, usw.) und durchschnittliche kinetische Energien von 10 - 100 eV [Lindfors 86].

Aufgrund der hohen Temperaturbelastung ist das kathodische Lichtbogenverdampfen nur in einer abgewandelten Form dem Niedertemperatur-Arc-Verfahren (**L**ow **T**emperature **A**rc **V**apour **D**eposition, LTAVD) für die Kunststoffbeschichtung einsetzbar. Im Gegensatz zum klassischen Arc-Verfahren ist die Kathode nicht planar sondern stabförmig gestaltet. Der Bogen wird auf der Stabkathode gezündet und läuft von oben den Stab umkreisend nach unten. Der Vorteil liegt nun darin, daß die Substrate dem Bogen nicht immer zugewandt sind, was die Temperaturbelastung herabsetzt. Den gleichen Effekt kann man auch erreichen, indem man die Substrate beim klassischen Arc-Verfahren bewegt und zeitweise von der Kathodenfläche abwendet. Mit diesem Verfahren konnten in jüngster Zeit mehr oder weniger haftfeste Metallschichten auf Kunststoffe abgeschieden werden. Die erzielten Haftfestigkeiten lagen im Bereich zwischen 6 N/mm² und 12 N/mm², je nach Kunststoff und Beschichtungsmaterial [Mann 94].

Die Abscheidung von verschleißfesten transparenten Metalloxidschichten auf Kunststoffen ist bisher nicht gelungen. Ein weiterer wesentlicher Nachteil des kathodischen Lichtbogens sind Mikrotröpfchen, sogenannte „Droplets" die durch die schlagartige Verdampfung an den zwischen 3000 K und 6000 K heißen Kathodenfußpunkten entstehen und auf der Substratoberfläche kondensieren. Die Größe dieser Tröpfchen ist material- und energieabhängig und kann bis zu 10 µm betragen. Das Verfahren beschränkt sich daher auf Anwendungen, bei denen Schichtschäden in diesen Größenordnungen keine Rolle spielen. Für optische Anwendungen ist das Verfahren dadurch ungeeignet.

2.1.3.5 Das anodische Lichtbogenverdampfen

Der anodische Vakuumbogen ist die jüngste Entwicklung auf dem Gebiet der Lichtbogenverdampferquellen. In Abbildung 2.5 ist der prinzipielle Prozeßverlauf des anodischen Vakuumlichtbogens dargestellt.

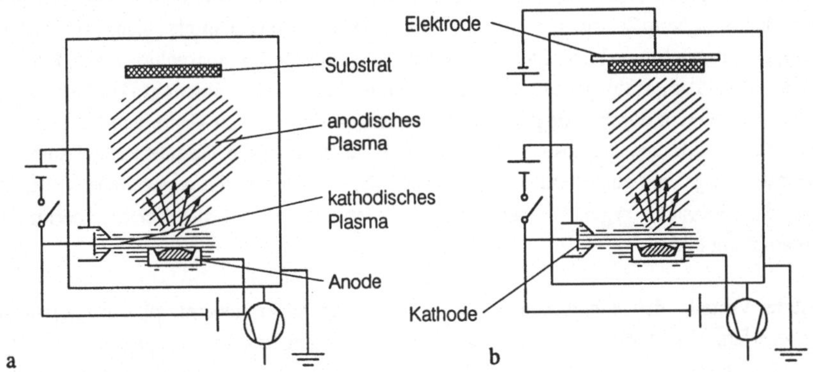

Abb. 2.5: Prinzipskizze des anodischen Arc Verfahrens; a) ohne Biasspannung und b) mit Biasspannung

Die Anordnung besteht aus einer wassergekühlten „kalten“ Kathode und einer „heißen“ Anode. Anfänglich wurde von Ehrich eine Graphitkathode eingesetzt [Ehrich 88a, Ehrich 88b], diese wurde aber, aufgrund von wesentlichen Verunreinigungen des Bogenplasmas mit Kohlenstoff [Katsch 90], durch Metallkathoden ersetzt. An der Anode ist ein hochschmelzender Tiegel (Mo, Ta, W oder Graphit) befestigt, in dem sich das Beschichtungsmaterial (z.B.: Cu, Al, Ag, Au, Cr, Zn, Ti, Mg, Sn, usw.) befindet.

Zum Zünden des kathodischen Bogens wird die Kathode mit der Gehäusewand über einen mit Kupfer beschichteten Glaszylinder kurzgeschlossen und eine Zündspannung von ca. -30 V an die Kathode angelegt. Dadurch verdampft das Kupfer, der Stromkreislauf wird unterbrochen und es kommt aufgrund der Impedanz im Versorgungskreislauf zu einer Spannungsspitze. Diese Spannungspitze und der Kupferdampf vor der Kathode reichen aus, den kathodischen Bogen zu zünden. Durch den Beschuß mit Elektronen aus dem kathodischen Lichtbogen wird der Tiegel an der Anode so stark erhitzt, daß das im Tiegel befindliche Material schmilzt und verdampft. Über dem Anodentiegel bildet sich eine Metalldampfwolke aus, die durch die Elektronen ionisiert wird. Der Elektronenstrom liegt dabei zwischen 20 und 200 A [Ehrich 90b], die Elektronen besitzen jedoch eine niedrigere Energie und damit eine höhere Ionisationswahrscheinlichkeit als beim Elektronenstrahlverdampfen. *Mausbach* hat in seiner Arbeit umfangreiche Untersuchungen der Parameter eines Kupferplasmas dargelegt

[Mausbach 94]. Dem zu Folge kann der Flußionisationsgrad X (Quotient aus Ionenfluß und Gesamtteilchenfluß) zwischen 1% und 30% durch Änderung der Tiegelposition beliebig eingestellt werden, wobei dieser umgekehrt proportional zur Verdampfungsrate ist. Die Ionenenergien E_i liegen zwischen 2,6 und 8,9 eV ohne Bias-Spannung und bis zu 150 eV mit Bias-Spannung. Die Elektronentemperatur kT_e liegt zwischen 0,3 und 0,7 eV, bei einer Elektronendichte n_e von 2,3 bis $4{,}5 \cdot 10^{16}/m^3$. Das anodische Plasma breitet sich, aufgrund der niedrigen Drücke ($p_{ges} < 1 \cdot 10^{-2}$ Pa), gleichmäßig im gesamten Kammervolumen aus. Dadurch, daß der Metalldampf ionisiert vorliegt, und der Ionisationsgrad in einem großen Bereich einstellbar ist, können durch Anlegen eines Potentials an das Substrat bestimmte Schichteigenschaften, wie z.B. die Haftfestigkeit, die Struktur, aber auch die thermische Belastung des Substrats weitgehend eingestellt werden [Ehrich 88a-c]. Dies ist der wesentliche Vorteil der Metalldampfplasmen gegenüber dem neutralen Metalldampf, der sich bei der thermischen Verdampfung bildet.

Weitere Vorteile des anodischen Vakuumbogens gegenüber anderen plasmaunterstützten PVD-Verfahren sind die hohen erzielbaren Aufwachsraten (bis zu 70 nm/s) [Markschläger 95], die extrem reinen Schichten (für Cu: 99,99%), die Festkörpereigenschaften der abgeschiedenen Schichten [Mausbach 91, Hasse 92, Ehrich 88c] und die hohen Haftfestigkeiten von Metallschichten auf Kunststoffsubstraten.

2.1.4 Vergleich der Schichteigenschaften der PVD-Verfahren

Die gezielte Veränderung der Schichteigenschaften ist beim klassischen Aufdampfen sehr eingeschränkt. Als wesentliche Variablen stehen nur der Restgasdruck, die Substrattemperatur und die Abscheiderate zur Verfügung. Diese Variablen bieten jedoch nur sehr unzureichende Möglichkeiten, gezielt ausgewählte Eigenschaften der Schicht zu ändern.

Das physikalische Zerstäuben (Sputtern) ermöglicht durch den Einsatz eines Plasmas die kinetische Energie der kondensierenden Atome im Vergleich zum Aufdampfen zu erhöhen. Problematisch für das Verständnis der physikalischen Prozesse beim Sputtern ist, daß das Plasma sowohl aus dem Arbeitsgas als auch aus dem gesputterten Material besteht. Zusätzlich ist die Geschwindigkeitsverteilungsfunktion der einzelnen Plasmakomponenten unterschiedlich. Das entstehende Plasma ist daher schwierig zu charakterisieren. Das Plasma besitzt in der Regel einen sehr niedrigen Ionisationsgrad (kleiner 1%). Neben der in das Plasma eingekoppelten Leistung, hat der Arbeitsgasdruck einen entscheidenden Einfluß auf die kinetische Energie der kondensierenden Atome. Der Restgasdruck, die Substrattemperatur und die Abscheiderate beeinflussen auch hier die Schichteigenschaften, wobei je nach Anwendung unterschiedliche Bereiche tolerierbar sind.

Der anodische Vakuumbogen als relativ neues PVD-Verfahren stellt eine rein metallische Plasmaquelle dar, die einen im Bereich von 1% bis 30% einstellbaren Ionisationsgrad besitzt

[Mausbach 94]. Die kinetische Energie der kondensierenden Metallionen liegt in der Größenordnung einiger eV (Elektronenvolt, 1 eV = 11600 K). Aufgrund des im Vergleich zum Sputtern viel größeren Ionisationsgrads eröffnet sich hier die Möglichkeit, die kinetische Energie der kondensierenden Ionen durch das Anlegen einer Bias-Spannung an das Substrat gezielt zu vergrößern und damit die Schichteigenschaften, wie z.B. die Haftung, zu verbessern.

Die beim Auftreffen der Teilchen auf dem Substrat zu erwartenden physikalisch relevanten Oberflächenprozesse, sind übersichtsartig in Abb. 2.6 als Funktion der Ionenenergie dargestellt. Des weiteren sind in der Abbildung die zur Kunststoffbeschichtung einsetzbaren Dünnschichtverfahren über der Energie der kondensierenden Teilchen aufgetragen.

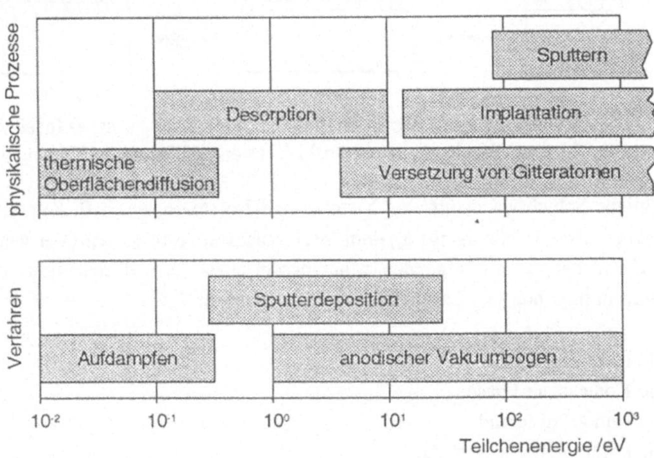

Abb. 2.6: Physikalische Oberflächenprozesse und Dünnschichtverfahren als Funktion der Energie der kondensierenden Teilchen [Mausbach 94].

2.1.4.1 Schichtwachstum

Die Eigenschaften der abgeschiedenen Schicht sind u.a. von der Anfangsphase des Schichtwachstums abhängig. Es wird in drei verschiedene anfängliche Wachstumsmechanismen, die bei der Kondensation dünner Schichten auftreten, unterschieden (vgl. Abb. 2.7):

- Insel-Wachstum (Volmer-Weber Mechanismus),
- Lagen-Wachstum (van der Merwe Mechanismus) und
- Absorption einer oder einiger Monolagen und nachfolgende Keimbildung auf dieser Schicht (Stranski-Krastanov Mechanismus).

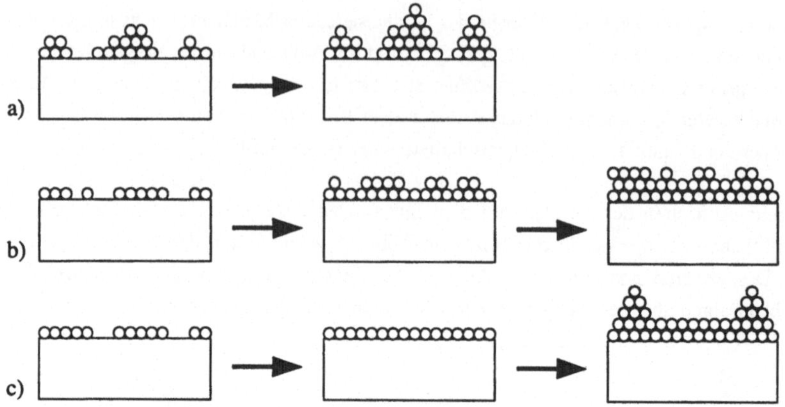

Abb. 2.7: Grundlegende Modelle des anfänglichen Schichtwachstums, a) Insel-Wachstum, b) Lagen-Wachstum, c) Stranski-Krastanov-Wachstum [Ohring 92]

Da das anfängliche Schichtwachstum von Metallen auf Isolatoren, wie z.B. Kunststoffen, in den meisten Fällen nach Mechanismus a), dem Insel-Wachstum erfolgt, wird der weitere Verlauf des Schichtwachstums im folgenden näher beschrieben. Der Mechanismus des Insel-Wachstums wird in folgende vier Entwicklungsstufen unterteilt:

a) die Insel-Phase,
b) die Koaleszenz-Phase,
c) die Kanal-Phase und
d) die kontinuierliche Schicht.

Die Insel-Phase

Die auf der Substratoberfläche statistisch verteilt auftreffenden Atome kondensieren und bilden an Stellen mit hoher Oberflächenbindungsenergie Kondensationskeime. Nachfolgende Atome lagern sich an diese an und führen so zu einem Wachstum der Keime (Inseln).

Die Koaleszenz-Phase

Die Inseln wachsen durch den Einbau auftreffender Atome und die Anlagerung benachbarter Oberflächenatome und bilden Konglomerate. Es handelt sich hier bereits um kleine Einkristalle. Schließlich berühren sich einzelne Kristalle und wachsen zu neuen Inseln zusammen. Die bedeckte Oberfläche des Substrats nimmt bei diesem Vorgang ab und die Höhe der neu gebildeten Inseln zu. Auf der freigesetzten Oberfläche kondensieren neue Atome und führen dort zu einer sekundären Keimbildung.

Die Kanal-Phase

Das Zusammenwachsen der Inseln führt zur Ausbildung von Kanälen auf der Substratoberfläche. Durch sekundäre Keimbildung und Koaleszenz der Inseln werden die Kanäle überbrückt und mehr oder weniger ausgefüllt. Es verbleiben einzelne Löcher, die durch den gleichen Mechanismus geschlossen werden.

Die kontinuierliche Schicht

Das flüssigkeitsähnliche Verhalten der Schicht setzt sich solange fort, bis eine vollständig geschlossene Schicht entstanden ist. Während des Schichtwachstums finden beträchtliche Umorientierungen der Kristallite bzw. der Inseln statt. Dies gilt besonders für die Koaleszenz-Phase. Durch das Zusammenwachsen zufällig orientierter Inseln entstehen polykristalline Schichten.

Die anfängliche Keimdichte ist dabei abhängig von der Vorbehandlung des Substrates und der Energie der kondensierenden Teilchen. Durch eine Plasmavorbehandlung (vgl. Kapitel 2.2) können Oberflächendefekte entstehen, die zu einer Erhöhung der Keimdichte beitragen. Dies macht sich besonders beim Aufdampfen bemerkbar. Das Sputtern und das Beschichten mit dem anodischen Vakuumbogen ermöglichen weiterhin eine Erhöhung der Keimdichte durch das Implantieren der kondensierenden schnellen Teilchen in die erste atomare Lage des Substrates.

2.1.4.2 Schichtstruktur

Beim weiteren Wachstum der Schicht entstehen für die verschiedenen Verfahren typische Schichtstrukturen, die in sogenannten Strukturzonenmodellen zusammengefaßt werden können.

Movchan und *Demchishin* (1969) stellten als Gesetzmäßigkeit fest, daß die Gefügestruktur dünner, aufgedampfter Schichten drei verschiedene charakteristische Formen annehmen kann und von der sogenannten homologen Temperatur T_h, dem Verhältnis der Substrattemperatur T_s zur Schmelztemperatur des Beschichtungsmaterials T_m, abhängig ist (vgl. Abb. 2.8).

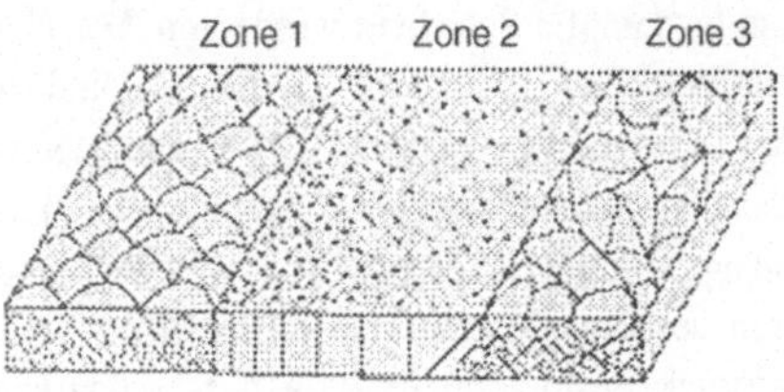

Abb. 2.8: Strukturzonenmodell nach *Movchan* und *Demchishin* für aufgedampfte Schichten

In Zone 1 (T_h < 0,26 für Metalle und T_h < 0,3 für Oxide) ist die Gefügestruktur porös und enthält in Schichtwachstumsrichtung zwischen den Kristalliten Hohlräume. Dies gilt sowohl für Metalle, als auch für chemische Verbindungen, wie z.B. Metalloxide. Die Dichte solcher Schichten ist deutlich geringer als die entsprechende Festkörperdichte. Es entstehen beim Wachstum dentritische Strukturen. Der Durchmesser der Kristallite und Dendriten nimmt mit der Substrattemperatur zu.

Für Zone 2 (0,26 bzw. 0,3 < T_h < 0,45) ist die Beweglichkeit der Adatome so groß, daß säulenförmige Strukturen großer Packungsdichte entstehen. Die entstehende Oberflächenrauhigkeit ist niedriger als in Zone 1 und nimmt wie der Säulendurchmesser mit T_h zu. Die Korngröße wird durch die Korngrenzen- und Oberflächendiffusion bestimmt.

Die Zone 3 (T_h > 0,45) weist eine Gefügestruktur mit großen Kristalliten auf. Die Volumendiffusion übt hier einen entscheidenden Einfluß auf die Bildung der Gefügestruktur aus. Charakteristisch für die rekristallisierte Struktur ist eine hohe Packungsdichte und eine glatte Schichtoberfläche.

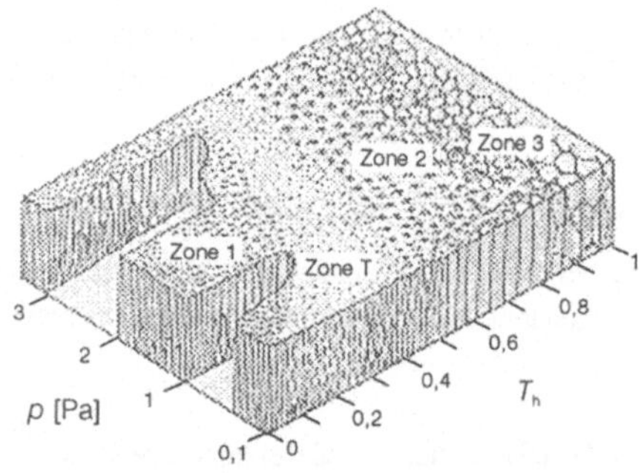

Abb. 2.9: Strukturzonenmodell nach *Thornton* für aufgesputterte Schichten

Das Dreizonenmodell für aufgedampfte Schichten wurde von *J.A. Thornton* [Thornton 74] für bis zu 25 μm dicke Metallschichten (Mo, Co, Ti, Fe, Cu und Al-Legierungen) aus der Katodenzerstäubung in Argon erweitert (vgl. Abb. 2.9). Dabei haben die am Substrat ankommenden Teilchen eine wesentlich höhere Energie (etwa 4 bis 40 eV) als beim Aufdampfen (0,1 bis 0,2 eV). Die Energie hängt vom Prozeßgasdruck ab, weil die von der Kathode kommenden Teilchen beim Durchqueren des Entladungsraumes durch Stöße mit den Gasteilchen Energie verlieren. Je höher der Gasdruck, desto geringer ist die durchschnittliche kinetische Energie der kondensierenden Teilchen und damit ihre Beweglichkeit auf der Substratoberfläche. Unterhalb T_s/T_m < 0,5 entsteht eine mit abnehmendem Druck breiter werdende Übergangszone T, die ein dichtes, faserfömiges Gefüge mit glatter Oberfläche aufweist.

Die aufwachsende Schicht ist einem ständigen Beschuß mit energiereichen Teilchen ausgesetzt, was die Beweglichkeit der Adatome erhöht. Dies gilt besonders bei der Kathodenzerstäubung mit negativ vorgespanntem Substrat (Bias-Spannung). Es ist deshalb sinnvoll, die Gefügestruktur in Abhängigkeit von der gesamten Energie, die die Oberfläche erreicht, darzustellen [Messier 84]. Dieser Zusammenhang ist in Abbildung 2.10 für aufgestäubte Germaniumschichten abgebildet. Wie die schematische Darstellung zeigt, verschiebt sich die Grenze zwischen den Zonen 1 und T mit zunehmender Energie zu niedrigeren Temperaturen hin. Betrachtet man die Zone 1 genauer, so findet man eine Abstufung der Dendriten in ungefähr fünf Substrukturen, die sich durch die Größenskala unterscheiden. Diese Substrukturen entstehen mit wachsender Schichtdicke aufeinanderfolgend, wobei die größeren aus den kleineren aufgebaut sind

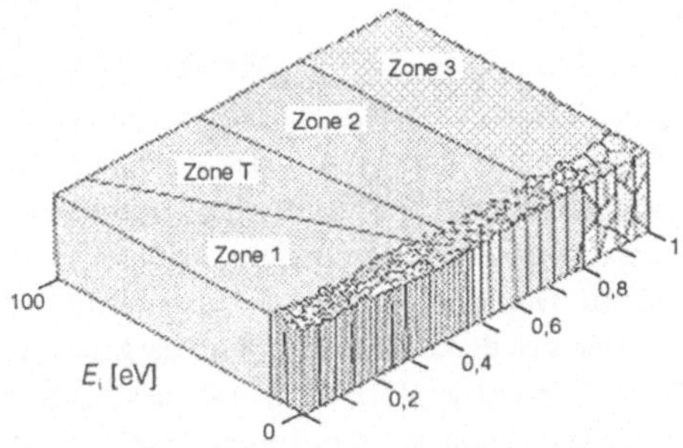

Abb. 2.10: Strukturzonenmodell nach *Messier* für ionenplattierte Schichten

Ein weiteres Strukturmodell wurde von *Fountzoulas* und *Nowak* [Fountzoulas 91] für einen höheren Energiebereich (200 bis 550 eV) der einfallenden Ionen aufgestellt, wie er für das Ionenplattieren mit Gasentladung typisch ist. Dargestellt ist die Gefügestruktur von Germaniumschichten mit einer Dicke von etwa 1,5 µm, in Abhängigkeit von der mit der Gegenfeldmethode gemessenen Gesamtenergie der auf das Substrat treffenden geladenen Teilchen (vgl. Abb. 2.11). Bemerkenswert ist das Fehlen der Zonen 1 und T und das Auftreten der dichtgepackten Schichtstruktur der Zone 3 bei Zimmertemperatur (T_h = 0,25) und hoher Ionenenergie (~500 eV).

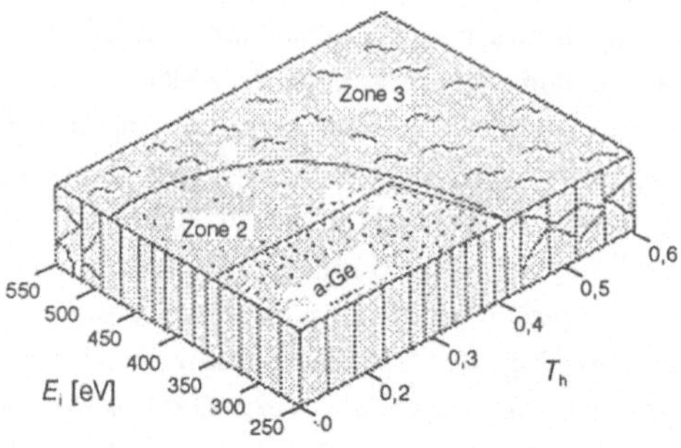

Abb. 2.11: Strukturzonenmodell nach *Fountzoulas* und *Nowak* für ionenplattierte Schichten

Nach *Mausbach* führt die Abscheidung aus der Metalldampfplasmaphase mit Hilfe eines anodischen Vakuumbogens dagegen zu einem veränderten Strukturzonenmodell [Mausbach 94]. Am Beispiel von Kupfer wurde gezeigt, daß sich für $T_h < 0,3$ und einer Ionenenergie $E_i > 1$ eV/Atom die Schicht direkt nach der Kondensation in einer metastabilen Phase befindet. Die Schicht rekristallisiert erst nach der Abscheidung, und die Rekristallisationszeit nimmt dabei mit wachsendem E_i zu. Die Ergebnisse für die Metastabilität, die Korngröße und die Oberflächentopographie lassen sich durch die in Abb. 2.12 dargestellten Strukturzonenmodelle zusammenfassen. Für $T_h < 0,3$ liegt in der Zone M die oben beschriebene Metastabilität vor. Ist $T_h > 0,3$ entspricht die Schichtstruktur am ehesten der Zone 3 der klassischen Strukturzonenmodelle. Hier liegt ein kristalliner Zustand vor, bei der die Korngröße mit der Temperatur anwächst und mit wachsendem Flußionisationsgrad X abfällt.

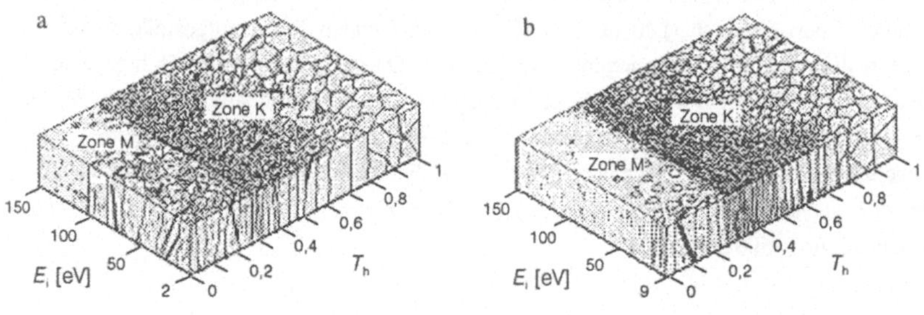

Abb. 2.12: Strukturzonenmodell nach *Mausbach*; a) $X = 2\%$, b) $X = 27\%$ [Mausbach 94]

Die Korngröße der Schichten beträgt für $T_h < 0,3$ etwa 1 µm. Steigt die Temperatur über diese Grenze, so fällt die Korngröße drastisch auf etwa 0,1 µm ab und wächst dann mit zunehmender Temperatur an. Dabei fällt die Korngröße mit wachsendem Ionisationsgrad X auf kleinere

Werte ab. Eine Abhängigkeit von der Ionenenergie ist in diesem Energie- und Temperaturbereich nicht zu beobachten. In dieser Zone liegt ein athermisches Korngrenzenwachstum vor.

Die Rauhigkeit R der Schichten steigt mit wachsender Temperatur zu größeren Werten an. Für eine Ausgangstemperatur des Substrats von 300 K fällt sie zunächst mit wachsendem Flußionisationsgrad X und wachsender Ionenenergie E_i auf kleinere Werte ab und steigt danach wieder an. Dies ist laut *Mausbach* auf die gleichzeitige Erhöhung der Substrattemperatur zurückzuführen. Für $T_h > 0{,}3$ ist R für größere X kleiner und steigt leicht mit der Ionenenergie an. Ist $T_h > 0{,}5$, so steigt R mit wachsendem X an, wobei wieder ein leichter Anstieg mit der Ionenenergie zu beobachten ist.

Die beim Aufdampfen in der Zone 1 und 2 beobachteten säulenförmigen Strukturen sind abhängig vom Winkel α, unter dem die Atome auf die Oberfläche treffen. Der Winkel zwischen den entstehenden Säulen und der Oberflächennormalen β kann im Bereich von $0° < \alpha < 90°$ mit der sog. Tangens-Regel beschrieben werden (vgl. Abb. 2.13):

$$\tan\alpha = 2 \cdot \tan\beta \tag{2.3}$$

Diese Struktur kommt durch ein Zusammenwirken von Abschattungseffekten und der anfänglichen Beweglichkeit der kondensierenden Teilchen beim Auftreffen auf die Oberfläche zustande.

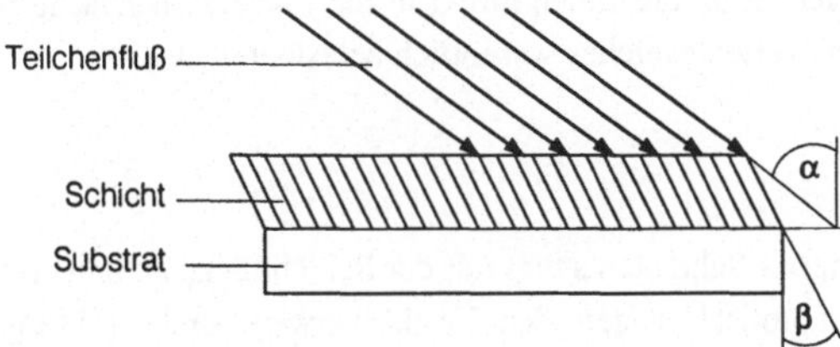

Abb. 2.13: Winkelabhängigkeit der Schichtstruktur

Für das Sputtern ergibt sich bereits für $\alpha = 0°$ ein Abschattungseffekt, da hier die kondensierenden Teilchen durch die Streuung am Arbeitsgas isotropisiert werden. Der Teilchenfluß wird daher auf einen Winkelbereich verteilt. Dies führt immer zu Abschattungseffekten, welche zur säulenförmigen Schichtstruktur in den Zonen 1 bis 2 führen.

Der anodische Vakuumbogen stellt dagegen eine gerichtete Teilchenquelle mit hohen Ionenenergien dar. Dies führt zu einer im Vergleich zum Aufdampfen größeren anfänglichen Beweglichkeit der kondensierenden Atome beim Auftreffen auf die Oberfläche. Daher gilt die

Tangens-Regel hier nicht mehr, und es entstehen bis zu einem Winkel $\alpha < 60°$ Säulen, für die etwa $\alpha = \beta$ gilt.

2.1.4.3 Haftung

Die Haftung einer Schicht wird durch das Interface des Substrates zur Schicht bestimmt. Modelle für die verschiedenen Interfacetypen werden im dritten Kapitel ausführlich dargestellt.

Bei technisch und wirtschaftlich relevanten Prozessen führt der relativ hohe Wasserdampfpartialdruck in der Vakuumanlage oft zu einer Belegung des Substrates mit einer sog. Wasserhaut. Besonders bei Kunststoffen, die nicht auf Temperaturen aufgeheizt werden können, bei der die Wasserhaut verdampft, macht sich dies in einer schlechten Haftung auf dem Substrat bemerkbar. Beim Aufdampfen führt diese Wasserhaut zu einem abrupten Interface, wobei sich die Wasserhaut zwischen dem Substrat und der Schicht befindet. Aber auch dann, wenn die Oberfläche frei von Wasserdampf ist, kommt es wegen der geringen kinetischen Energie der kondensierenden Teilchen beim klassischen Aufdampfen zu einem abrupten Interface. Die höheren Teilchenenergien beim Sputtern führen zu einer Verringerung dieser Wasserhaut, da sie zum Teil desorbiert. Da die Energien jedoch zu gering sind für eine Implantation der Schichtatome in das Substrat, entsteht bei Raumtemperatur ebenfalls nur ein abruptes Interface. Der hohe Ionisationsgrad des anodischen Vakuumbogens sollte es ermöglichen, durch eine Beschleunigung der Ionen einen größeren Anteil der Wasserhaut zu desorbieren und zusätzlich zu einer Implantation der Ionen direkt in die Substratoberfläche führen. Es wird ein Diffusionsinterface entstehen, welches wesentlich belastbarer ist.

2.1.4.4 Dichte

Die Dichte aufgedampfter Schichten steigt mit der Schichtdicke an und erreicht einen Plateauwert, der dann asymptotisch gegen den Festkörperwert strebt [Ohring 92]. Metallische Schichten sind dabei dichter als dielektrische Schichten. Die Packungsdichte P, gegeben durch das Verhältnis der Schichtdichte zur Festkörperdichte, beträgt für Metalle ungefähr 0,95. Mit ansteigender Substrattemperatur steigt sie auf 1 an. Untersuchungen aufgedampfter Schichten von *Ohring* zeigen in der Zone 1 die Existenz von Porositäten mit einem Durchmesser bis zu 1 nm [Ohring 92].

Craig und *Harding* zeigten, daß die Dichte gesputterter Kupferschichten für eine homologe Temperatur von $T_h = 0{,}23$ erst bei einem Arbeitsdruck von weniger als 5 Pa eine Packungsdichte P von 1 erreicht [Craig 81]. Dies korreliert zu dem Übergang der Schichtstruktur von Zone 1 zu Zone T. P fällt dabei mit steigendem Arbeitsgasdruck auf bis zu 0,75 ab.

Mit dem anodischen Vakuumbogen abgeschiedene Kupferschichten ($\alpha = 0°$) besitzen unabhängig von den Abscheideparametern Festkörperdichte [Mausbach 94]. Diese Dichte wird bereits bei Schichtdicken von weniger als 50 nm erreicht. Durch den Beschuß der wachsenden Schicht mit energetischen Ionen besitzt die Schicht bereits nach der Koaleszenz, die bei etwa 4 nm eintritt, Festkörperdichte. Insbesondere für die Beschichtung von Kunststoffen ist dies von Bedeutung, da hier nicht die Substrattemperatur erhöht werden kann, um eine dichte Schicht zu erzeugen.

Die hohe Packungsdichte ist hier auf einen Beschuß der Schicht mit energetischen Teilchen zurückzuführen. Zweidimensionale, molekular-dynamische Simulationen des Schichtwachstumsprozesses zeigen diese Zunahme der Packungsdichte mit wachsendem E_i und X [Müller 87a] auf. Ebenso ergibt sich ein Anwachsen von P wenn ausschließlich die Energie der kondensierenden, monoenergetischen Atome von ca. 0,03 eV auf 1 eV gesteigert wird [Müller 87b]. Der Anstieg von P ist auf die beim Auftreffen der Teilchen entstehenden Stoßkaskaden zurückzuführen, die ein Auffüllen der Gitterleerstellen bewirken.

2.1.4.5 Schichtreinheit

Die Reinheit aufgedampfter Schichten ist abhängig von der Herstellungstemperatur und dem Restgasdruck. In Schichten aus der Zone 1 sammeln sich nach der Belüftung des Rezipienten in den Poren sofort Gase aus der Atmosphäre an. Die Zwischenräume der säulenförmigen Strukturen in Zone 2 werden ebenfalls dadurch verunreinigt. Das Restgas, bzw. das Arbeitsgas beim Sputtern, wird während der Herstellung in den Zwischenräumen angesammelt. Zum Teil können aber auch Atome, bzw. Moleküle direkt in die Kristallite eingebaut werden. Dies ist von der Statistik des Prozesses abhängig. Generell gilt, daß die Beschichtungsrate umgekehrt proportional zur Wahrscheinlichkeit ist, ein Restgasteilchen einzubauen, d.h. mit wachsender Abscheiderate werden die Schichten bei konstantem Restgasdruck weniger verunreinigt.

Das Sputtern bei niedrigen Drücken führt zusätzlich zu den oben beschriebenen Prozessen zu Verunreinigungen der Schicht durch das Arbeitsgas. Die Ionen des Arbeitsgases treffen mit hoher Energie auf das Sputtertarget, werden dort entladen und reflektiert und treffen als schnelle Neutrale (Energie der Neutralteilchen $E_n \approx 200$ eV) auf die Substratoberfläche. Dort können sie in die ersten atomaren Lagen der Schicht implantiert werden.

Die Abscheidung aus der Metalldampfplasmaphase mit dem anodischen Vakuumbogen ermöglicht es durch die geschlossene Struktur unabhängig von den Abscheideparametern der Schichten, Reinheiten von bis zu 99,993% zu erzielen. Dabei müssen allerdings das Kathodenmaterial und das verdampfende Material identisch sein. Benutzt man als Kathodenmaterial Messing, so erhält man Verunreinigungen in der Schicht von ca. 0,5% bis 1% [Mausbach 93, Markschläger 96].

2.2 Modifikation von Kunststoffen im Plasma

Um auf Substrate Schichten mit ausreichender Adhesion abscheiden zu können, ist es unerläßlich die Oberfläche von Verunreinigungen zu befreien bzw. bei Kunststoffen deren Oberfläche zu aktivieren. Durch eine Behandlung im Niederdruckplasma können Oberflächen entfettet oder aktiviert werden, was zu einer erheblichen Steigerung der Benetzbarkeit führt [Möhl 91].

Die Vorbehandlung unpolarer und gering polarer Kunststoffoberflächen mit dem Ziel, die Haftung beim Beschichten zu verbessern, erfolgt heute oft auf chemischem Weg. Verschärfte gesetzliche Vorschriften schränken die Verwendung von chemischen Reinigungsverfahren, wie z.B. den Einsatz von halogenierten Kohlenwasserstoffen, zunehmend ein. Ökologisch unbedenkliche Ersatzstoffe weisen oft nur unzureichende Modifizierungsergebnisse auf [Liebel 91]. Die Oberflächenaktivierung und -modifizierung von polymeren Werkstoffen durch Niedertemperaturplasmen bieten – verglichen mit den etablierten Verfahren der Naßchemie – unter wirtschaftlichen und umweltschützenden Aspekten nicht nur eine Alternative, sondern sind diesen in vielen Bereichen sogar überlegen [Brunhold 97].

An Stelle flüssiger Chemikalien werden Gase als Reaktionspartner eingesetzt. Es handelt sich also um einen trockenen Prozeß der üblicherweise bei einem Druck zwischen 1 und 400 Pa in einer Prozeßgasatmosphäre betrieben wird. Für technische Anwendungen werden nichtthermische Plasmen im allgemeinen in elektrischen Gleichspannungs-(DC) oder Wechselspannungsfeldern (AC) im kHz-, MHz- und GHz-Bereich angeregt, dabei nimmt die Elektonendichte in dünnen Plasmen quadratisch mit der Anregungsfrequenz des Plasmagenerators zu. Damit steigt zwangsläufig die Häufigkeit elektroneninduzierter Prozesse und führt zu einer Erhöhung des Ionisationsgrades des Plasmas.

Bei der DC-Glimmentladung muß, um einerseits das Plasma zu stabilisieren und um andererseits unerwünschte Bogenentladungen zu verhindern, ein strombegrenzender Vorwiderstand in den Entladungskreis integriert werden. Hohe Biaspotentiale können unter Umständen zu einer thermischen Überbeanspruchung des zu behandelnden Werkstoffs führen [Franz 94]. Diese Probleme werden bei Verwendung von Wechselspannungen zur Plasmaanregung weitgehend vermieden. Man unterscheidet hierbei die Hochfrequenz- und die Mikrowellenentladung.

RF- und Mikrowellenentladungen sind Hochfrequenzentladungen im MHz- bzw. GHz-Frequenzband. Die wesentlichen Unterschiede sind in Tabelle 2.4 dargestellt.

	Gleichstrom-anregung (DC-Entladung)	Niederfrequenz-anregung (Koronaentl.)	Radiofrequenz-anregung (HF-Entladung)	Mikrowellenfrequenz-Anregung ohne Magnetfeld	Mikrowellenfrequenz-Anregung mit Magnetfeld
Anregungs-frequenz	DC	50 ... 450 kHz	13,56 MHz	2,45 GHz	2,45 GHz
Prozeßdruck [Pa]	1 ... 100	10^5 (p_{atm})	1 ... 100	1 ... 10	≤ 1
Ionisationsgrad [%]	0,0001	≤ 0,01	≤ 0,01	1	10
Dissoziationsgrad [-]	niedrig	niedrig	niedrig/mittel	hoch	hoch
Elektronenenergie [eV]	2 ... 8	einige	einige	1 ... 10	1 ... 10
Elektronen-temperatur [K]	$\geq 10^4$	$\geq 10^4$	$10^4 ... 10^5$	$10^4 ... 10^5$	$10^4 ... 10^5$
Neutralgas-temperatur [K]	300 ... 700	≈ 300	≈ 300	≈ 300	≈ 300
Ladungsträger-dichte [cm^{-3}]	10^{10}	$\leq 10^9$	$10^9 ... 10^{11}$	$10^{10} ... 10^{12}$	$10^{11} ... 10^{13}$
Wirkungsgrad	mäßig	mäßig	gut	hoch	hoch

Tabelle 2.4: Nichtthermische Plasmaentladungen [Brunhold 97, Grünwald 94, Liebel 91]

Seit einigen Jahren gewinnt die Plasmaanregung im GHz-Bereich immer mehr an Bedeutung. Charakteristisch für die Mikrowellenplasmen sind die – im Vergleich zu Plasmen mit geringeren Anregungsfrequenzen – deutlich höheren Ladungsträgerdichten bei geringerer Leistungsdichte, höheren Ionisations- und Fragmentationsgraden. Dadurch können kürzere Prozeßdauern mit hohen Ätz- und Polymerisationsraten bei gleichzeitig verminderter Wärmebelastung des Materials realisiert werden [Grünwald 94, Liebel 91].

Überlagert man dem Wechselspannungsfeld ein statisches Magnetfeld, so werden die geladenen Teilchen auf eine Kreis- oder Spiralbahn gezwungen. Im Fall der Synchronisation der Umlauffrequenz der Plasmaelektronen mit der Anregungsfrequenz des erregenden elektrischen Feldes ("Elektronen-Zyklotron-Resonanz", ECR-Anregung) erfahren die Elektronen eine permanente Beschleunigung und erhöhen ihre kinetische Energie. In magnetisierten Gasplasmen werden Ionisationsgrade bis zu 10% realisiert [Franz 94]. Gegenüber der reinen Mikrowellenanregung kann die Effektivität der Gasphasenreaktionen deutlich gesteigert werden.

Die bei dieser Entladung entstehenden chemischen Radikale reagieren je nach Art des Gases mit der Oberfläche und bilden flüchtige Verbindungen, die kontinuierlich durch die Vakuumpumpe abgesaugt werden. Als Beispiel kann das Reaktionsschema eines Polymers mit Sauerstoff dienen:

$$[CH_4]_n + 3nO_2^{\bullet} \rightarrow 2nCO_2 \uparrow + 2nH_2O \uparrow \tag{2.4}$$

Die eigentlichen Komponenten für die Entstehung und Aufrechterhaltung des Plasmas sind hochenergetische Elektronen und eine kurzwellige harte UV-Strahlung. Letztere entsteht aufgrund von in der Gasphase ablaufenden Rekombinationsprozessen. Eine wichtige Eigenschaft des Niederdruckplasmas ist die hervorragende Spaltgängigkeit. Das Gas dringt in Hohlräume ein, die von Flüssigkeiten nur unzureichend erreicht werden. Daher können im Plasma auch Teile mit komplizierter Topographie (Hinterschneidungen, enge Radien, Bohrungen, Schlitze etc.) bearbeitet werden [Liebel 91].

In einem Niederdruckplasma können Reaktionen in einem Temperaturbereich von etwa 30 bis 80°C ablaufen, die bei Atmosphärendruck erst bei mehreren hundert °C möglich sind. Dies wird, trotz niedriger Gastemperatur, durch die vergrößerte freie Weglänge der Teilchen und einer hohen Elektronentemperatur (ca. 20 000 bis 50 000 K) möglich. Werkstoffe, die keiner hohen thermischen Belastung ausgesetzt werden dürfen, wie beispielsweise Kunststoffe, können in Niederdruckplasmen behandelt werden. Die dabei am häufigsten verwendeten Prozeßgase sind Sauerstoff, Luft, Edelgas, Stickstoff oder Tetrafluormethan (CF_4) sowie manchmal auch Wasserstoff [Liebel 91].

Die Reinigung der Oberfläche im Falle von organischen Verunreinigungen wie Fett, Öl, Wachs oder Lösemittelfilme wird durch die Aufspaltung der Kohlenwasserstoffketten und der Oxidation der Bestandteile zu Kohlendioxid und Wasserdampf erreicht. Beides sind flüchtige Produkte, die durch die Vakuumpumpe abgesaugt werden. Der Materialabtrag durch die chemische Reaktion des aktiven Sauerstoffs mit den organischen Substanzen wird unterstützt durch die photochemischen Prozesse, die durch das Vorhandensein intensiver UV-Strahlung ausgelöst werden.

Anorganische Verunreinigungen (Salze, Späne, Partikel etc.), die auf der Werkstückoberfläche haften und mit den Prozeßgasen nicht zu flüchtigen Verbindungen reagieren, werden durch die Plasmabehandlung nicht entfernt. In diesem Falle ist eine wäßrigen Vorreinigung unerläßlich.

Im Gegensatz zu anorganischen Oberflächen, wo das Plasma meist nur zu Reinigungszwecken eingesetzt wird, kann man bei vielen Kunststoffen eine gewünschte Modifikation der Oberfläche hervorrufen. Das Plasma wirkt auf die Polymeroberfläche stark oxidierend und erhöht den polaren Anteil der freien Oberflächenenergie unter gleichzeitiger Verminderung des nicht-polaren Anteils. Dadurch reduziert sich der Kontaktwinkel gegenüber aufgetragenen polaren Flüssigkeiten.

Die erreichbaren Modifikationen sind im wesentlichen von der Art des Behandlungsgases, von der Behandlungszeit und der Behandlungsleistung abhängig. Unter den verschiedenen Gasen hat sich Sauerstoff bei den meisten Kunststoffen als bestes Prozeßgas erwiesen. Behandlungszeiten von weniger als 30 Sekunden führen schon zu erheblichen Haftungsverbesserungen, die selbst bei längerer Behandlungszeit nur noch in geringem Maße ansteigen [Markschläger 95].

Im Plasma wird der Werkstoff, stark vereinfacht ausgedrückt, einem physikalischen Beschuß aus hochenergetischen Teilchen und UV-Photonen ausgesetzt. Deren Energie ist so hoch, daß sie ohne weiteres organische Bindungen aufbrechen und chemische Reaktionen auf oder in der Nähe der Werkstoffoberfläche auslösen können. Die dabei beobachteten Effekte wie Radikalbildung, Reinigung, Abbau beziehungsweise Ätzung, Vernetzung und chemische Modifikation der Oberfläche treten in der Regel nebeneinander in einem sehr komplexen Wechselspiel auf. Durch gezielte Wahl der Prozeßparameter ist man heute in der Lage, den Prozeßablauf günstig zu beeinflussen, obwohl die chemischen Vorgänge im Plasma und die zugrundeliegenden Reaktionsmechanismen selbst noch weitgehend ungeklärt sind.

Die Wechselwirkung der reaktiven Spezies eines Niederdruckplasmas (energiereiche Elektronen, Ionen, UV-Photonen, freie Radikale und metastabile Neutralteilchen) mit dem Werkstoff bewirkt eine intensive Änderung der morphologischen und chemischen Eigenschaften der Oberfläche. Die Reaktionen auf der Werkstoffoberfläche werden in erster Linie von den bei der Gasentladung entstehenden und von der Art des eingesetzten Gases abhängigen, chemisch sehr aktiven Radikalen initiiert.

Die Aktivität bzw. Reinheit von plasmabehandelten Oberflächen ist über die Bestimmung der Oberflächenenergie mittels Randwinkelmessung, Benetzungswaage oder Auftragen von Prüftinten nachweisbar.

Die Gasphasenreaktionen und die Reaktionen am und im Werkstoff kommen zum sofortigen Stillstand, wenn das die Ionisation verursachende elektrische Feld abgeschaltet wird. In diesem Zusammenhang spricht man auch von "abschaltbarer Chemie", da das Prozeßgas dann sofort wieder seinen reaktionsträgeren Neutralgaszustand annimmt [Liebel 91].

Zusammenfassend treten während der Plasmabehandlung einer Polymeroberfläche folgende Effekte auf:

- Reinigung der Werkstoffoberfläche von fertigungsbedingten Formtrennmitteln, wie Silikonöle, Wachse, Fette und andere,

- physikalisches Aufrauhen der Werkstoffoberfläche durch reaktiven Teilchenbeschuß,
- Werkstoffvernetzung (das heißt Entstehung dreidimensionaler Polymerstruktureinheiten),
- Erhöhung der Benetz-, Verkleb-, Lackier- und Laminierbarkeit unpolarer Polymeroberflächen durch Anlagerung funktioneller und polarer Gruppen (Carboxyl-, Carbonyl-, Hydroxylgruppen) und
- Erzeugung neuer Werkstoffeigenschaften unabhängig vom Basismaterial (Auftrag von sogenannten Primärschichten auf zuvor undefinierte Oberflächen, beispielsweise auf Recyclingmaterial).

2.3 Meßverfahren zur Charakterisierung der Schicht- bzw. der Oberflächeneigenschaften

2.3.1 Bestimmung der Haftfestigkeit

Die Haftung dünner Funktionsschichten auf einem Substrat ist für die Gebrauchsfähigkeit von entscheidender Bedeutung. Zur Charakterisierung der Haftung wurden viele sehr unterschiedliche Meßverfahren entwickelt. Dennoch gibt es kein Verfahren, mit dem die Haftung eindeutig und ohne einschränkende Faktoren bestimmt werden kann. Vielmehr können diese Verfahren nur vergleichend eingesetzt werden. Im folgenden Kapitel sollen einige gebräuchliche Meßverfahren zur Bestimmung der Haftung von Schichten auf Kunststoffsubstraten beschrieben werden.

2.3.1.1 Stirnabzugtest

Das Verfahrensprinzip des Stirnabzugversuchs ist in der Abb. 2.14 schematisch dargestellt. Zur Bestimmung der Haftfestigkeit mit dem Stirnabzugversuch wird auf das beschichtete Probeteil ein Zugstift aufgeklebt und abgezogen. Hierbei wird die Probe mit zunehmender Kraft gegen die Auflagefläche gezogen und die Maximallast beim Abriß ermittelt. Für die Haftfestigkeit H gilt folgende Beziehung:

$$H = \frac{F}{A} \tag{2.5}$$

Dabei wird mit F die Maximalkraft und mit A die abgezogene Fläche bezeichnet. Bei der Versuchsdurchführung ist darauf zu achten, daß der Zugstift senkrecht auf die Probe aufgebracht wird und auch die Krafteinleitung beim Abziehen des Zugstifts senkrecht erfolgt. Auf diese Weise wird gewährleistet, daß keine Scherspannungen in die Schicht eingeleitet werden, die das Meßergebnis verfälschen. Um diesen Anforderungen zu entsprechen, ist eine kardanisch gelagerte Vorrichtung, in welche die Proben beim Abziehen des Zugstifts eingelegt werden, unbedingt erforderlich. Auch muß jegliche Durchbiegung der Proben beim Abziehen verhindert werden. Eine Durchbiegung verursacht Spannungsspitzen im Randbereich des aufgeklebten Stempels und dieser reißt dann ausgehend vom Rand bei einer geringeren Kraft ab. Dies hat zur Folge, daß die ermittelten Haftfestigkeiten niedriger liegen als die tatsächlichen. Um die Durchbiegung zu vermeiden kann zum einen die Öffnung (vgl. Abbildung 2.14) so klein wie möglich ausgeführt werden, zum anderen können dünne Proben durch Aufkleben auf steife Träger verstärkt werden.

Die Abzugsgeschwindigkeit beträgt üblicherweise 0,5 mm/min. Die maximal auf diese Weise ermittelbare Haftfestigkeit ist durch die Zugfestigkeit des verwendeten Klebstoffes begrenzt. Kleber der neuen Generation haben Zugfestigkeiten von 100 N/mm².

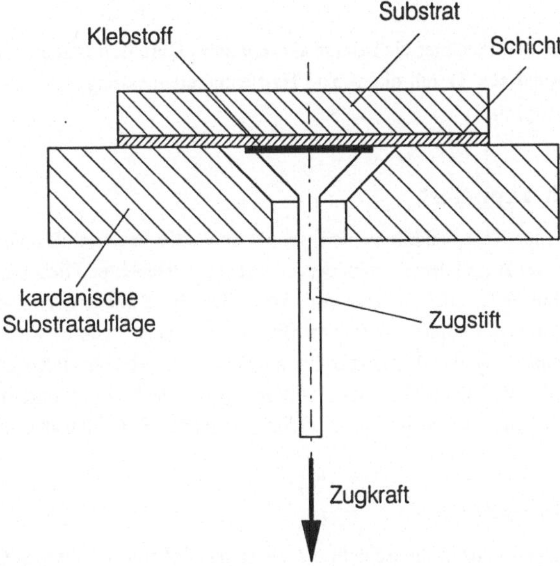

Abb. 2.14: Prinzipskizze des Stirnabzugversuchs

Der Zugstiftdurchmesser ist eine wichtige Einflußgröße auf die gemessene Haftfestigkeit. Bei einem Vergleich von Haftfestigkeiten sollte daher immer derselbe Zugstiftdurchmesser verwendet werden. Ein Vergleich von Haftfestigkeitsmeßergebnissen, die mit unterschiedlichen Zugstiftdurchmesser durchgeführt wurden ist nur schwer möglich [Mann 94].

Zusammenfassend sind während der Versuchsdurchführung folgende Faktoren zu beachten, die die gemessene Haftfestigkeit beeinflussen:

- die Abzugsgeschwindigkeit,
- beim Aushärten des Klebstoffes zwischen Zugstift und Substrat können Zugspannungen entstehen,
- Blasen im Klebstoff können beim Aushärten entstehen. Die tragende Fläche A beim Stirnabzug verringert sich entsprechend,
- der Klebstoff kann bei porösen Schichten durch diese zum Substrat hindurch diffundieren und die Eigenschaften in der Grenzschicht verfälschen,
- die meßbare Haftfestigkeit wird durch die Zugfestigkeit des Klebemittels beschränkt und
- die eingeleitete Zugspannung muß gleichförmig über die Klebestelle verteilt sein, wobei die exakte Ausrichtung der Zugstifte und das senkrechte Abziehen der Zugstifte von den Proben von besonderer Bedeutung sind.

Der Stirnabzugversuch zeichnet sich durch die einfache Durchführbarkeit und den geringen apparativen Aufwand aus. Durch die direkte Haftfestigkeitsmessung ist es möglich, quantitative Aussagen zu treffen.

2.3.1.2 Scotch-Tape-Test

Bei dem Scotch-Tape-Test handelt es sich um ein subjektiv bewertendes Verfahren. Bewertungskriterium ist der Anteil der Schicht, der an einem aufgebrachten Klebeband haften bleibt. Eine sehr schlechte Haftfestigkeit liegt vor, wenn sich die Schicht teilweise abziehen läßt. Weiterführende Aussagen können nicht getroffen werden. Das Ergebnis wird hier wesentlich von der Klebebandart, von der Abzugsgeschwindigkeit, vom Abzugswinkel und von der Rauhigkeit der Oberfläche beeinflußt. Das Verfahren eignet sich daher nur, um einen ersten schnellen Eindruck über die Haftfestigkeit schlecht haftender Schichten zu erhalten.

2.3.1.3 Gitterschnittest

Bei diesem Verfahren wird in die Schicht ein bis in das Substrat reichendes Gitternetz bestehend aus 25 quadratischen Zellen eingeschnitten (vgl. Spalte 3 in Tab. 2.5). Der Schneidvorgang für unterschiedliche Flächen wird ausführlich in der DIN 53 151 beschrieben. So werden bei gekrümmten Flächen Einfachschneidegeräte und bei ebenen Flächen Mehrfachschneidegeräte verwendet. Auf dem Gitter wird im Anschluß dann ein Klebebandtest, wie im vorangegangenen Kapitel beschrieben, durchgeführt.

Die Beurteilung des Ergebnisses erfolgt anhand des prozentualen Anteils der abgelösten Schichtfläche. Mittels einer Tabelle, die in sechs Stufen unterteilt ist, werden sie einzelnen Haftfestigkeitsklassen zugeordnet (vgl. Tab. 2.5).

Gitterschnitt-kennwert	Beschreibung	Bild
Gt 0	Die Schnittränder sind vollkommen glatt. Kein Teilstück der Schicht ist abgeplatzt.	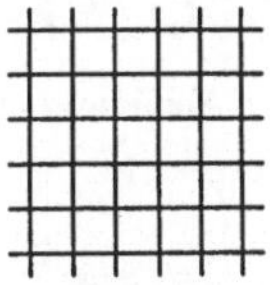
Gt 1	An den Schnittpunkten der Gitterlinien sind kleine Splitter der Schicht abgeplatzt. Abgeplatzte Fläche etwa 5% der Teilstücke.	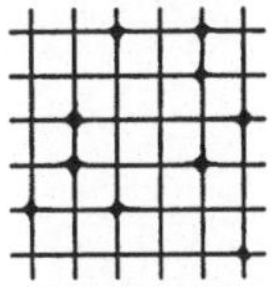
Gt 2	Die Schicht ist längs der Schnittränder und/oder an den Schnittpunkten der Gitterlinien abgeplatzt. Abgeplatzte Fläche etwa 15% der Teilstücke.	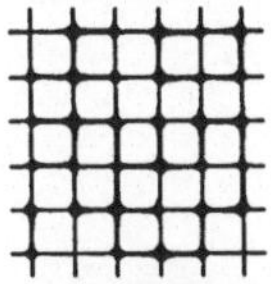
Gt 3	Die Schicht ist längs der Schnittränder teilweise oder ganz in breiten Streifen abgeplatzt und/oder die Schicht ist von einzelnen Teilstücken ganz oder teilweise abgeplatzt. Abgeplatzte Fläche etwa 35% der Teilstücke.	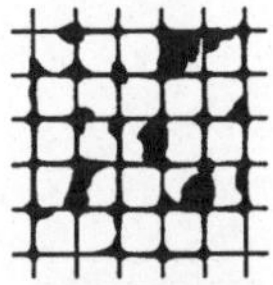
Gt 4	Die Schicht ist längs der Schnittränder in breiten Streifen und/oder von einzelnen Teilstücken ganz oder teilweise abgeplatzt. Abgeplatzte Fläche etwa 65% der Teilstücke.	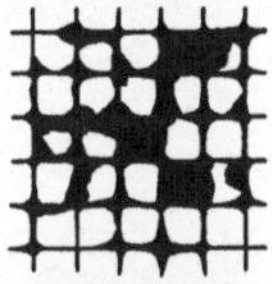
Gt 5	Abgeplatzte Fläche mehr als 65% der Teilstücke.	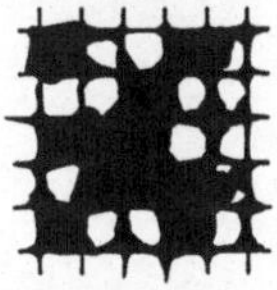

Tabelle 2.5: Einteilungsklassen der Haftfestigkeiten beim Gitterschnittest nach DIN 53 151

2.3.2 Bestimmung der Verschleißfestigkeit

2.3.2.1 Sandrieselverfahren

In Abbildung 2.15 ist der prinzipielle Aufbau einer Prüfvorrichtung für den Sandrieseltest dargestellt.

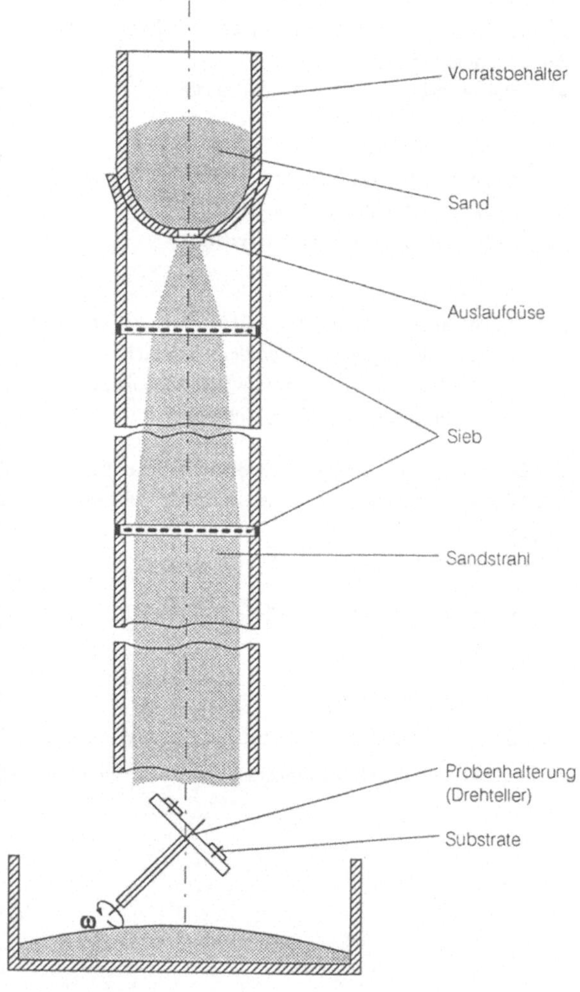

Abb. 2.15: Prinzipieller Aufbau des Sandrieselverfahrens nach DIN 52 348

Das Sandrieselverfahren nach DIN 52 348 prüft das Verschleißverhalten von Glas- bzw. Kunststoff gegenüber einer Prall-Schrägstrahlbeanspruchung. Zur Durchführung des Versuchs wird 3 kg Quarzsand einer genau definierten Kornklasse (Kornklasse 0,5/0,71 mm, Qualität P 0,5/0,7) durch das Fallrohr auf die Prüffläche gerieselt. Durch die Auslaufdüse und zwei im Fallrohr eingebauten Siebe wird der Sandstrahl gleichmäßig aufgefächert. Die Proben werden auf einem Drehteller befestigt, dessen Drehachse um 45° gegenüber der Fallrichtung geneigt ist. Die Drehzahl des Drehtellers beträgt hierbei 250 min^{-1} ± 10 min^{-1}. Der Verschleiß der Prüffläche wird anhand der Streulichtzunahme des transmittierten Lichts ermittelt (vgl. Kapitel 2.3.2.3 zur Streulichtmessung).

In Abbildung 2.15 ist die selbstgebaute Prüfvorrichtung abgebildet. Im wesentlichen besteht das Sandrieselgerät aus einem dreiteiligen Fallrohr (Polyvinylchlorid, hart) mit einem Innendurchmesser von d = 120 mm. An zwei Stellen sind Siebe mit einer Maschenweite von 1,6 mm eingebaut. Als Antrieb für den Drehteller wurde ein geregelter DC-Servomotor mit Tacho verwendet. Genaue Angaben zu den Abmessungen der Vorrichtung sind in DIN 52 348 aufgeführt.

2.3.2.2 Reibradverfahren

Unter dem Reibradverfahren nach DIN 52 347 versteht man eine Verschleißprüfung, die zur Messung des Abriebwiderstandes von Oberflächen dient. Das Verfahren wird vorzugsweise zur Prüfung von Glas und durchsichtigem Kunststoff gegen Gleitverschleiß eingesetzt.

Die Prüfung wird an ebenen Proben durchgeführt, die auf einem definiert rotierenden Drehteller befestigt werden. Auf die Probe werden zwei sich in entgegengesetzter Richtung drehende Reibräder unter Last aufgesetzt. Diese beanspruchen die Probenoberfläche auf Gleitverschleiß. Das Prinzip des Reibradverfahrens ist in Abbildung 2.16 dargestellt.

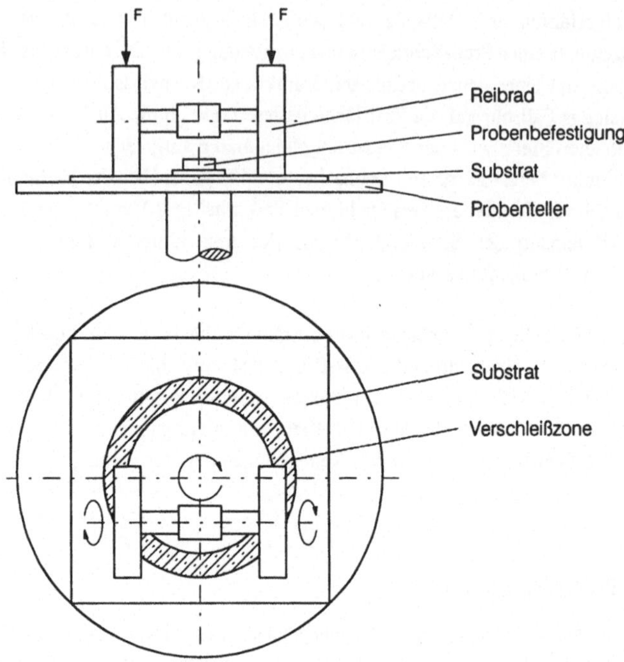

Abb. 2.16: Prinzipieller Aufbau des Reibradverfahrens nach DIN 52 347

Wichtige Versuchsparameter des Reibradverfahrens sind:

- Wahl des Typs der Reibräder.
- Aufgegebene Last auf die Reibräder.
- Zyklenzahl (Zahl der Umdrehungen des Drehtellers).

Als Meßgröße für den Verschleiß können folgende Größen herangezogen werden:

- Die Zunahme der Streuung des transmittierenden Lichtes, die durch die Oberflächenveränderungen (Abrieb) während des Versuches bedingt wird (vgl. Streulichtmessung).
- Die Relation des Gewichtsverlustes der Probe zur Zyklenzahl.
- Die Zyklenzahl bis zu einer visuell festgestellten Veränderung der Probe (z.B. erste Freilegung des Untergrundes einer Beschichtung).

2.3.2.3 Streulichtmessung mit der Ulbrichtkugel (Transmission)

Bei der Streulichtmessung mit der Ulbrichtkugel im Transmissionsverfahren wird der gestreute Lichtanteil von einer Probe gemessen. Der gestreute Lichtanteil dient als Maß für die Rauhigkeit der Probenoberfläche. Die Meßanordnung ist schematisch in Abb. 2.17 dargestellt. Vor dem Messen von Proben muß die Meßanordnung mit Hilfe eines Weißstandards kalibriert werden. Hierzu wird je ein Weißstandard ($BaSO_4$) am Referenzort und am Ort wo der Probenstrahl die Ulbrichtkugel verläßt, angebracht. Auf diese Weise wird mit dem Photomultiplier die Basislinie der Meßanordnung ermittelt.

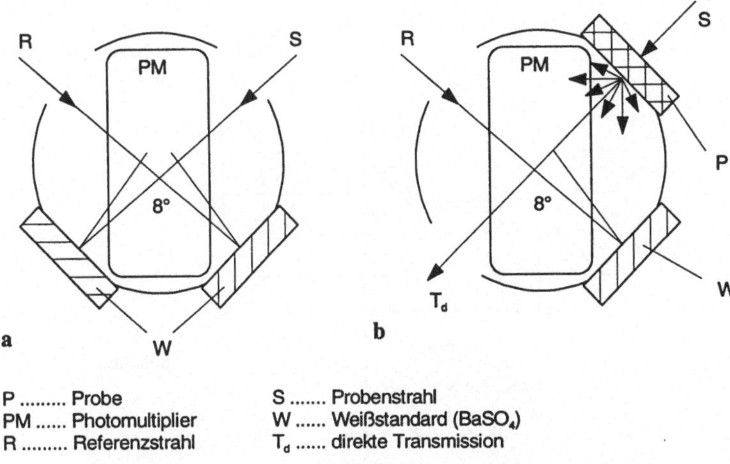

Abb.: 2.17: Streulichtmessung mit der Ulbrichtkugel, a) Bestimmung der Baseline, b) Streulichtmessung

Bei der Streulichtmessung wird der Weißstandard aus dem Probenstrahlengang entfernt und die Probe am Eintrittsfenster plananliegend angebracht. Der Probenstrahl durchdringt die Probe und wird von ihr gestreut. Der direkt transmittierte Lichtanteil T_d des Probenstrahls (8°) verläßt am Austrittsfenster wieder die Ulbrichtkugel. Somit wird von Photomultiplier nur der gestreute Lichtanteil detektiert. Dieser Streulichtanteil ist ein Maß für die Rauhigkeit der Probenoberfläche und wird in Prozent angegeben. Der untersuchte Meßbereich liegt zwischen 250 nm und 850 nm und deckt somit den Bereich der Hellempfindlichkeit des Auges ab (VIS).

2.3.3 Bestimmung der Schichtdicke

2.3.3.1 Kalottenschliff-Verfahren

Der Kalottenschliff ist ein zerstörendes Meßverfahren, das erst nach der Beschichtung eingesetzt werden kann. Dabei wird, eventuell unter Zugabe von Schleif-, Polier- oder Gleitmitteln, eine Kugel definierten Durchmessers in einen beschichteten Prüfling eingeschliffen. Die angeschliffenen Schichten stellen sich in der Draufsicht als konzentrische Kreise dar. Mit Hilfe eines Lichtmikroskops kann die Kalotte vermessen werden. In Abbildung 2.18 sind die geometrischen Verhältnisse bei der Schichtdickenbestimmung schematisch dargestellt.

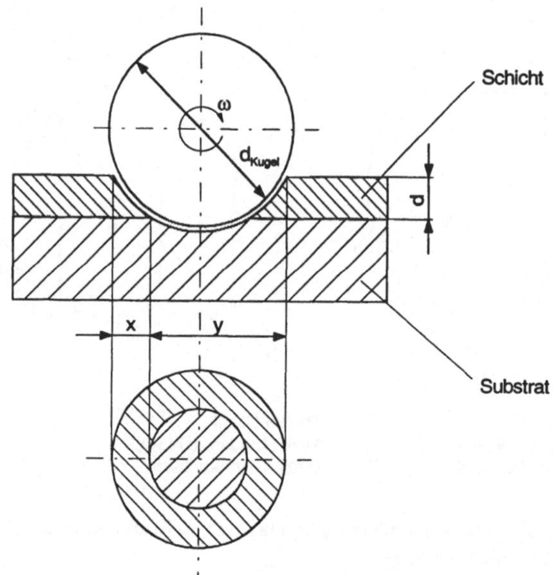

Abb. 2.18: Geometrische Verhältnisse bei der Schichtdickenmessung mit dem Kalottenschliffverfahren

Bei gegebenen Kugeldurchmesser d kann die Schichtdicke s wie folgt berechnet werden:

$$s = \frac{x \cdot y}{d} \tag{2.6}$$

Dieses Meßverfahren ermöglicht die Bestimmung von Schichtdicken im Bereich zwischen 0,5 und 50 µm bei Einzel- und Mehrfachschichten und gestattet bei ausreichender Erfahrung auch eine qualitative Charakterisierung des Schicht-Substrat-Verbundes anhand des Schliffbildes.

Die erzielbare Genauigkeit ist stark von der Oberflächenrauheit und dem Materialkontrast abhängig. Eine Suspension aus Alkohol- und Diamantpaste benetzt tröpfchenweise den kugelförmigen Schleifkörper an seiner Oberfläche und verringert dadurch das Polierrelief.

2.3.3.2 Schwingquarz

Zur Bestimmung der Schichtdicke und der Aufwachsrate kann in Vakuumbeschichtungsanlagen ein Schwingquarzoszillator eingesetzt werden. Dieser besteht im wesentlichen aus einem plan-konvexen Standard-AT-Quarz mit einer Resonanzfrequenz von üblicherweise 6 MHz, einem Oszillator und einem Auswerte- und Anzeigegerät. Das Meßprinzip beruht auf der Resonanzfrequenzänderung des Schwingquarzes durch die Massenbelegung während der Beschichtung. Die Resonanzfrequenzänderung wird gemessen und daraus die Dicke der Schicht errechnet. Für Schichten, die wesentlich dünner sind als die Dicke des Schwingquarzes, ist die Änderung der Resonanzfrequenz proportional zu der Masse der aufgebrachten Schicht.

Frequenz-Meßtechnik

Die ersten Meßgeräte gingen von einer direkten Proportionalität zwischen dem Quotienten aus Flächendichte der Fremdschicht m_F und Flächendichte des Quarzes m_Q zur relativen Frequenzänderung $-\Delta f / f_Q$ aus. Die Massenbeladung m ergibt sich zu:

$$m = \frac{m_F}{m_Q} = \frac{f_Q - f}{f_Q} = -\frac{\Delta f}{f_Q} \tag{2.7}$$

Zur Berechnung der Schichtdicke muß die Dichte der Fremdschicht bekannt sein. Zu beachten ist, daß die Proportionalität nur in einem engen Bereich gültig ist, $f = f_Q \pm 2\%$.

Perioden-Meßtechnik

Die Perioden-Meßtechnik geht von einer Proportionalität zwischen Massenbeladung m und der Schwingungsperiodenverkürzung $\Delta\tau/\tau_Q$ aus:

$$m = \frac{m_F}{m_Q} = \frac{\tau_Q - \tau}{\tau_Q} = \frac{\frac{1}{f} - \frac{1}{f_Q}}{\frac{1}{f_Q}} = \frac{f_Q - f}{f} = \frac{\Delta f}{f} \tag{2.8}$$

Der Vorteil gegenüber der Frequenz-Meßtechnik besteht hier darin, daß die Proportionalität bei gleichen Fehlerschranken für einen größeren Bereich, $f = f_Q \pm 10\%$ gilt.

Z-Match-Verfahren

Eine deutliche Verbesserung sowohl in der Meßgenauigkeit sowie in der Ausnutzung des Quarzes, konnte erzielt werden, indem man den Quarz als gekoppelten zweischichtigen akustischen Resonator betrachtete. Bei der Berechnung der Schichtdicke wird die Schallkennimpedanz z_F des Beschichtungsmaterials berücksichtigt. Dabei wird davon ausgegangen, daß die Massenbelegung m eine Funktion der relativen Frequenzänderung, der Resonanzfrequenz des Quarzes und dem Verhältnis der Schallkennimpedanz der Fremdschicht zu der des Quarzes ist:

$$m = \frac{m_F}{m_Q} = f(\Delta f, f_Q, \frac{z_F}{z_Q}) \tag{2.9}$$

mit $z = \sqrt{\rho \cdot c}$, wobei ρ für die Dichte und c für die Scher-Steifheitskonstante bezüglich der piezoelektrisch angeregten stehenden Welle im Kristall der Fremdschicht bzw. des Quarzes steht. Ausgehend von dieser Beziehung wird folgende Massenbeladungs-Frequenzbeziehung angesetzt:

$$m = \frac{m_F}{m_Q} = \frac{f_Q}{f} \cdot \frac{z_Q}{\pi \cdot z_F} \cdot \arctan\left(\frac{z_F}{z_Q} \cdot \tan\left(\frac{\pi \cdot f}{f_Q} \right) \right) \tag{2.10}$$

Gleichung (2.10) läßt erkennen, daß außer der Massenbelegung auch die Verschiedenartigkeit der Materialien, durch deren Schallkennimpedanz berücksichtigt, in die Berechnung mit eingehen. Die Messung wird stoffspezifischer. Setzt man in Gleichung (2.10) $z_F = z_Q$, so erhält man Gleichung (2.8). Der große Vorteil gegenüber den zuvor beschriebenen Verfahren besteht darin, daß der Quarz in einem erheblich erweiterten Bereich ($f = f_Q \pm 70\%$) bei wesentlich erhöhter Meßgenauigkeit eingesetzt werden kann. Demgegenüber steht der Nachteil, daß außer der Dichte auch die Schallkennimpedanz der Fremdschicht bekannt sein muß. Da der Schichtaufbau und damit die physikalischen Eigenschaften dünner Schichten sehr von den Beschichtungsparameter abhängen und in vielen Fällen nicht genau bekannt sind, kann in der Praxis die hohe Meßgenauigkeit dieses Verfahrens meist nicht ausgenützt werden [Kienel 94].

Auto-Z-Match-Verfahren

Die Nachteile des Z-Match -Verfahren führten zu einer Weiterentwicklung, bei der neben der Grundharmonischen auch Schwingungsobertöne des Quarzes einbezogen werden. Ein beschichteter Resonator zeigt im Gegensatz zu einem homogenen mechanischen Resonator für $z_F \neq z_Q$ Obertöne, bei dem die jeweils benachbarten Resonanzfrequenzen unterschiedliche Abstände besitzen. Aus der Betrachtung zweier Obertöne kann das Verhältnis z_F / z_Q berechnet werden.

2.3.4 Bestimmung der Oberflächenspannung

Unter dem Einfluß eines Plasmas ändert sich der Anteil der polaren Oberflächenenergie und damit auch die Benetzungsverhalten polarer Flüssigkeiten auf Polymeroberflächen. Zur Bestimmung der Oberflächenspannung von Festkörpern oder Flüssigkeiten gibt es unterschiedliche Verfahren [Weser 80]:

- Ring-, Platten-, Bügelmethode,
- Kontaktwinkelmessung,
- Spinning-Drop-Methode

Das bei weitem gebräuchlichste Verfahren zur Bestimmung der Oberflächenspannung bei Festkörpern ist die Kontaktwinkelmessung. Bei diesem Verfahren wird ein Tropfen einer Flüssigkeit mit bekannter Oberflächenspannung σ_T auf eine Testkörperoberfläche aufgebracht. Gemessen wird der Rand- oder Kontaktwinkel θ, wie in Abb. 2.19 dargestellt.

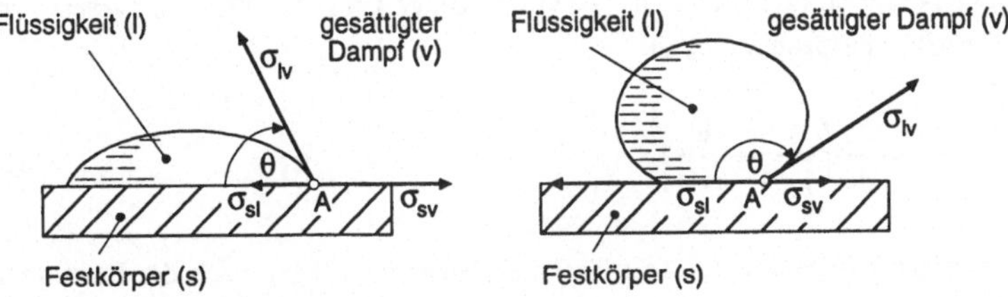

Abb. 2.19: Prinzipskizze der Kontaktwinkelmessung

Ein Kontaktwinkel θ > 90° bedeutet keine Benetzung. Ein Winkel zwischen 0° und 90° wird als teilweise Benetzung bezeichnet. Bei einem Kontaktwinkel θ = 0° breitet sich der Tropfen spontan auf der Oberfläche aus (Spreitung). Dies ist der Zustand vollständiger Benetzung. Die fundamentale Beziehung zur Beschreibung des Kontaktwinkels ist die *Young-Dupré-*Gleichung [Möhl 91, Potente 78]. Sie wird aus dem Kräftegleichgewicht am äußersten Rand des Tropfens hergeleitet. An der Stelle sind alle drei Phasen (fest, flüssig, gasförmig) im Gleichgewicht.

$$\sigma_s = \sigma_{sl} + \sigma_l \cdot \cos\theta \tag{2.11}$$

Dabei kennzeichnet θ den Kontaktwinkel, σ_l die Oberflächenspannung der Flüssigkeit, σ_s die Oberflächenspannung des Festkörpers und σ_{sl} die Grenzflächenspannung zwischen Flüssigkeit und Festkörper.

Für die Praxis erwies sich Gleichung (2.11) in dieser Form als nicht geeignet, da, weil σ_{SL} nicht bekannt ist, sie keine Möglichkeit bietet, die Oberflächenspannung direkt zu berechnen *Good* und *Girifalco* schafften durch die Einführung eines Wechselwirkungsparameters ϕ Abhilfe.

$$\sigma_{sl} = \sigma_s + \sigma_l - 2\phi\sqrt{\sigma_s \sigma_l} \qquad (2.12)$$

wobei der Wechselwirkungsparameter ϕ eine Funktion der Randwinkels θ ist.

$$\phi = 1 - k \cdot \tan\theta \qquad (2.13)$$

$$\text{mit} \qquad k = 0{,}005 + 0{,}036\frac{0{,}036}{\pi} \cdot \theta \qquad \text{für } 0° < \frac{180}{\pi} \cdot \theta < 80° \qquad (2.14)$$

(lineare Interpolation: $k(\theta = 0) = 0{,}005$ und $k\left(\theta = \frac{50}{180}\pi\right) = 0{,}015$)

Wird Gl. (2.14) in Gl. (2.13) und Gl. (2.13) und Gl. (2.12) in Gl. (2.11) eingesetzt, so ergibt sich die Oberflächenspannung σ_s zu:

$$\sigma_s = \frac{\sigma_l}{4} \cdot \left(\frac{1 + \cos\theta}{1 - k \cdot \tan\theta}\right)^2 \qquad (2.15)$$

Ist dir Oberflächenspannung der Testflüssigkeit bekannt, so kann nach der Bestimmung des Kontaktwinkels die Oberflächenspannung des Festkörpers nach Gl. (2.14) berechnet werden. Der Verlauf der Oberflächenspannung σ_s ist nach Gl. (2.15) in dem in dieser Arbeit betrachten Bereich des Kontaktwinkels θ ($15° < \theta < 80°$) annährend linear (vgl. Abb. 2.20). D.h., der Verlauf des Kontaktwinkels in Abhängigkeit von den Modifikationsparametern wird dem Verlauf der Oberflächenspannung entsprechen. Bei den Ergebnissen zur Plasmamodifikation (vgl. Kapitel 6) kann der Einfluß von Parametern auf den Kontaktwinkel, ohne Informationsverlust, betrachtet werden.

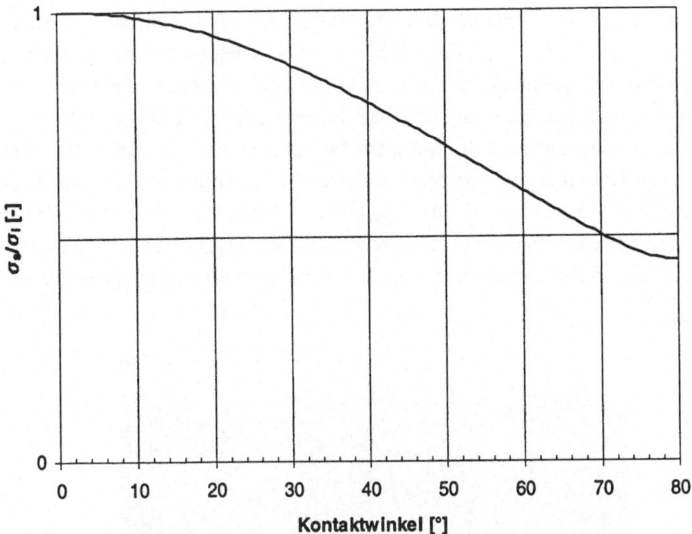

Abb. 2.20: Oberflächenspannung des Festkörpers als Funktion des Kontaktwinkels nach Gl. (2.15) bezogen auf die Oberflächenspannung der Flüssigkeit

2.3.5 Bestimmung der Oberflächentopographie und der Schichtzusammensetzung mit einem REM mit energiedispersiver Röntgenmikroanalyse (EDX)

Bei der Rasterelektronenmikroskopie wird die Probe durch einen fein gebündelten Elektronenstrahl zeilenweise abgerastert. Durch den Elektronenstrahl werden vom Substrat Elektronen emittiert, deren Anzahl die Helligkeit der einzelnen Bildpunkte bestimmt [Madelung 89, Engel 82]. Mittels rasterelektronenmikroskopischer Aufnahmen lassen sich submikroskopische Oberflächenstrukturen darstellen. Sie besitzen eine hohe Auflösung bei gleichzeitig hoher Tiefenschärfe.

Voraussetzung für Rasterelektronenmikroskopie ist eine gute elektrische Oberflächenleitfähigkeit der Proben. Oberflächen mit einer geringen Leitfähigkeit müssen mit einer dünnen Goldschicht (ca. 15 nm) besputtert werden. Die Goldschicht muß deutlich dünner sein, als die Auflösung der verwendeten Vergrößerung, da ansonsten die Oberflächenstruktur der Substrate durch das Besputtern verändert wird.

Der bei der Rasterelektronenmikroskopie verwendete hochenergetische Elektronenstrahl regt Atome an der Substratoberfläche durch Stoßprozesse an. Von den angeregten Atomen wird ein für das jeweilige Element spezifisches Spektrum an Röntgenstrahlen emittiert. Bei der energiedispersiven Röntgenmikroanalyse werden die von der Probe emittierten Röntgensignale in einen Halbleiterdetektor in elektrische Impulse umgesetzt, deren Höhe proportional zur Energie der Röntgenquanten ist. Auf diese Weise kann eine qualitative und quantitative Analyse der Oberflächenzusammensetzung erfolgen. Die Auflösung beträgt zwischen 0,1 und 1 µm Eindringtiefe. Es können alle chemischen Elemente mit einer Ordnungszahl ≥ 4 detektiert werden. Elemente mit einer niedrigeren Ordnungszahl bzw. Elemente, die in zu geringen Mengen im Substratmaterial vorliegen, sind nur schwer exakt zu quantifizieren.

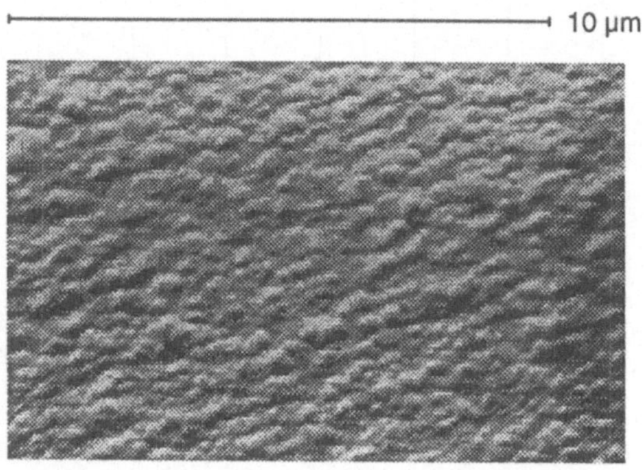

Abb. 2.21: Rasterelektronenmikroskopische Aufnahme einer plasmageätzten Kunststoff-oberfläche (Polycarbonat)

3 Physikalische Grundlagen

3.1 Vakuum

Mit dem Begriff Vakuum werden Zustände in einem gasgefüllten Raum bei Drücken unterhalb des Atmosphärendrucks bezeichnet. Das Vakuum ist gerade in der Beschichtungstechnik essentielle Voraussetzung fast aller Verfahren.

Die Beschreibung der physikalischen Prozesse in verdünnten Gasen beruht auf der klassischen kinetischen Gastheorie. Diese stellt einen Zusammenhang zwischen den makroskopischen oder auch äußeren Parametern eines Gases wie dem Druck, der Temperatur und dem Volumen und den im Gas ablaufenden elementaren Bewegungen der Gasteilchen her. Da in verdünnten Gasen die Kräfte zwischen den Gasteilchen sowie deren Eigenvolumen gegenüber der Gefäßdimension vernachlässigbar sind, können mit guter Näherung die Gesetze für ideale Gase zur Beschreibung herangezogen werden. Unter der Bedingung des thermodynamischen Gleichgewichts, das heißt, wenn im gesamten Volumen V der gleiche Druck p und die gleiche Temperatur T herrschen, gilt dann die Zustandsgleichung idealer Gase

$$p = \frac{N\mathrm{k}T}{V} = \frac{\mathrm{R}T}{V_{\mathrm{mol}}} \tag{3.1}$$

Dabei bezeichnet V_{mol} das Molvolumen. Eine Beschreibung der elementaren Bewegungsvorgänge der Gasteilchen erfolgt mit der Teilchendichte, der wahrscheinlichsten und der mittleren thermischen Geschwindigkeit, der Wandstoßrate, der Volumenstoßrate und der mittleren freien Weglänge der Gasteilchen.

Die Teilchendichte n ist die pro Volumeneinheit V vorhandene Teilchenzahl N

$$n = \frac{N}{V} = \frac{p}{\mathrm{k}T} \tag{3.2}$$

Ausgangspunkt für die Herleitung nachfolgender Grundformeln der kinetischen Gastheorie für ideale Gase stellt die Maxwell'sche Geschwindigkeitsverteilung dar.

$$\frac{\mathrm{d}n}{n} = 4\pi v^2 \left(\frac{2\pi \mathrm{R}T}{M_{\mathrm{mol}}} \right)^{-\frac{3}{2}} \cdot e^{-\frac{M_{\mathrm{mol}}}{2\mathrm{R}T} v^2} \mathrm{d}v \tag{3.3}$$

Die wahrscheinlichste Geschwindigkeit v_{w} der Gasteilchen innerhalb eines makroskopisch ruhenden idealen Gases mit der molaren Masse M_{mol} ergibt sich aus dem Maximum der Mawell-Verteilungskurve zu

$$\nu_w = \left(\frac{2\mathrm{R}T}{M_{\mathrm{mol}}}\right)^{\frac{1}{2}} \tag{3.3}$$

Die mittlere thermische Geschwindigkeit $\bar{v}$ der Gasteilchen folgt unmittelbar aus der Temperatur T des Gases mit

$$\bar{v} = \left(\frac{8\mathrm{R}T}{\pi M_{\mathrm{mol}}}\right)^{\frac{1}{2}} \tag{3.3}$$

Die Wandstoßrate ν_A der Gasteilchen ist direkt dem Druck p proportional. Sie gibt die Anzahl der Gasteilchenstöße pro Zeit- und Flächeneinheit gegen die das Gasvolumen begrenzenden Wände an.

$$\nu_A = \frac{p}{\mathrm{k}}\left(\frac{\mathrm{R}}{2\pi M_{\mathrm{mol}} T}\right)^{\frac{1}{2}} \tag{3.4}$$

Die Stoßprozesse innerhalb des Gases sind unmittelbar an die Radien des stoßenden Gasteilchens r_1 und an des gestoßenen Gasteilchens r_2 gekoppelt. Die Volumenstoßrate ν_V ist dabei die Anzahl der Zusammenstöße, die ein Teilchen im Mittel pro Zeiteinheit erleidet. Sie berechnet sich zu

$$\nu_V = \sqrt{2}\pi n \bar{v}(r_1 + r_2)^2 = \frac{\sqrt{2}\pi \bar{v} p}{\mathrm{k}T}(r_1 + r_2)^2 \tag{3.5}$$

Große praktische Bedeutung hat die mittlere freie Weglänge $\bar{l}$. Sie gibt den Weg an, den ein Gasteilchen im Mittel zwischen zwei Stößen zurücklegt.

$$\bar{l} = \frac{\mathrm{k}T}{\sqrt{2}\pi p (r_1 + r_2)^2} = \frac{\bar{v}}{\nu_V} \tag{3.6}$$

Die nachfolgende Tabelle gibt einen Überblick über einige Parameter für Sauerstoff bei einer Temperatur T von 273,15K. Die mittlere thermische Geschwindigkeit $\bar{v}$ ergibt sich unabhängig vom Druck zu $\bar{v}$ = 425,11 m/s. Besteht eine Gasatmosphäre aus mehreren Gasen oder Dämpfen, ist nach dem Daltonschen Gesetz [Stephan 86] der Gesamtdruck gleich der Summe der Partialdrücke. Ebenso setzen sich die Gesamtteilchendichte sowie die Wand- und Volumenstoßraten additiv aus den jeweiligen Einzelgrößen zusammen.

p [Pa]	n [m^{-3}]	ν_A [m^{-2}s^{-1}]	ν_V [m^{-3}s^{-1}]	$\bar{l}$ [m]
$1 \cdot 10^{-4}$	$2{,}65 \cdot 10^{16}$	$2{,}82 \cdot 10^{18}$	$7{,}21 \cdot 10^{0}$	$5{,}9 \cdot 10^{1}$
$1 \cdot 10^{-2}$	$2{,}65 \cdot 10^{18}$	$2{,}82 \cdot 10^{20}$	$7{,}21 \cdot 10^{2}$	$5{,}9 \cdot 10^{-1}$
$1 \cdot 10^{0}$	$2{,}65 \cdot 10^{20}$	$2{,}82 \cdot 10^{22}$	$7{,}21 \cdot 10^{4}$	$5{,}9 \cdot 10^{-3}$
$1 \cdot 10^{2}$	$2{,}65 \cdot 10^{22}$	$2{,}82 \cdot 10^{24}$	$7{,}21 \cdot 10^{6}$	$5{,}9 \cdot 10^{-5}$

Tabelle 3.1: Gaskinetische Parameter für Sauerstoff als Funktion des Drucks p bei einer Temperatur von 273,15 K.

3.2 Verdampfungsprozeß

Beim Aufdampfen im Hochvakuum wird das in der Verdampfungsquelle befindliche Beschichtungsmaterial so hoch erhitzt, bis sich ein ausreichend hoher Dampfdruck gebildet hat und damit eine gewünschte Verdampfungsgeschwindigkeit erreicht wird. Der sich über einer Flüssigkeit oder beim Sublimieren über einem festen Stoff ausbildende Dampfdruck ist eine Funktion der Temperatur. Wenn beide Phasen (fest bzw. flüssig und dampfförmig) in einem auf gleicher Temperatur befindlichen abgeschlossenen Gefäß nebeneinander bestehen, bildet sich ein Gleichgewicht aus, und der entstehende Gleichgewichtsdruck wird als Dampfdruck oder als Sättigungsdampfdruck bezeichnet [Stephan 86]. In einem solchen Gleichgewicht geht eine gleich große Anzahl von Atomen vom festen bzw. flüssigen Zustand in die Gasphase über, wie Atome aus der Gasphase kondensieren, d.h. die Verdampfungsrate entspricht der Kondesationsrate.

Ein solches Gleichgewicht kann in sogenannten Knudsen-Zellen annähernd realisiert werden. Bei einer Knudsen-Zelle handelt es sich um einen mit einer Öffnung aber ansonsten geschlossenen Verdampfer. Dabei ist die Öffnung im Vergleich zu den Zellenabmessungen so klein, daß die Störung des Gleichgewichts im Inneren der Zelle vernachlässigbar klein. Beim Aufdampfen ist das Gleichgewicht gestört, da der Dampf auf Flächen mit deutlich niederer Temperatur kondensiert.

Der sich über einer Flüssigkeit oder einem Festkörper in Abhängigkeit von der Temperatur T des Verdampfungsmaterials einstellende Sättigungsdampfdruck p_D läßt sich nach der Gleichung von *Clausius-Clapeyron* [Stephan 86] berechnen.

$$\frac{dp_D}{dT} = \frac{\Delta H}{T(V_g - V_f)} \tag{3.7}$$

Dabei wird die Verdampfungsenthalpie mit ΔH, das Molvolumen des Dampfes mit V_g und das Molvolumen der verdampfenden Flüssigkeit bzw. des sublimierenden Festkörpers mit V_f bezeichnet.

Da das Molvolumen im flüssigen oder festen Aggregatzustand sehr klein ist im Vergleich zu dem der Dampfphase und da bei den beim Aufdampfen im Hochvakuum üblichen Sättigungsdampfdrücken die Gesetze für ideale Gase anwendbar sind, erhält man mit $V_g - V_f \approx V_g = \mathbf{R}T/p_D$ aus Gl. (3.7):

$$\frac{dp_D}{p_D} = \frac{\Delta H dT}{\mathbf{R}T^2} \tag{3.8}$$

oder

$$\frac{d(\ln p_D)}{d\left(\frac{1}{T}\right)} = \frac{-\Delta H}{\mathbf{R}} \tag{3.9}$$

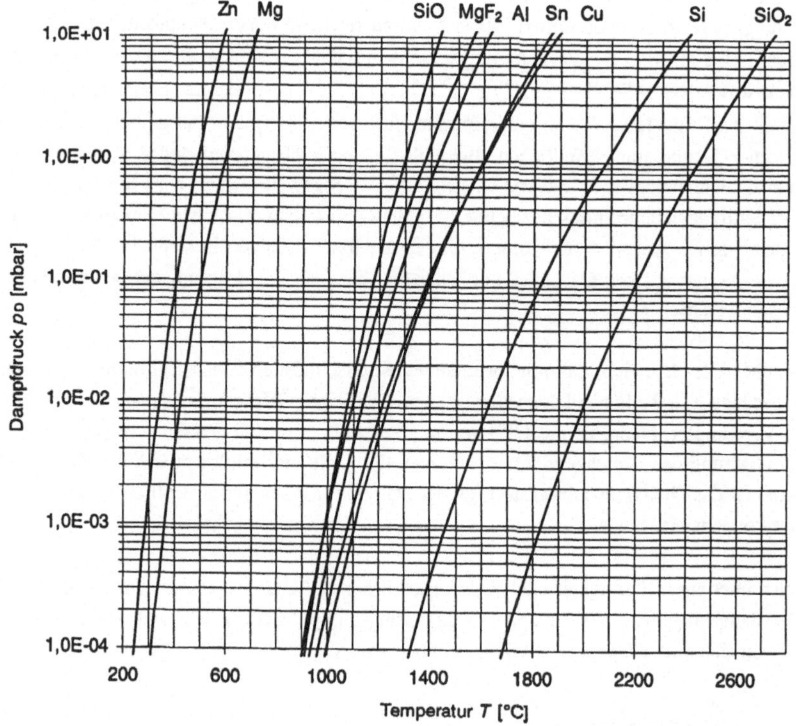

Abb. 3.1: Dampfdruck p_D verschiedener Materialien als Funktion der Temperatur T

Die Abnahme der Verdampfungsenthalpie mit zunehmender Temperatur ist in dem für die Aufdampftechnik interessanten Bereich so gering, daß man sie ohne einen größeren Fehler zu begehen, als Konstante betrachten darf. Durch Integration von Gleichung (3.9) erhält man dann

$$\ln p_{\mathrm{D}} = A' - \frac{-\Delta H}{\mathrm{R}T} \tag{3.10}$$

und

$$p_{\mathrm{D}} = \mathrm{A}e^{-\frac{\mathrm{B}}{T}} \tag{3.11}$$

In Gl. (3.11) ist A eine Integrationskonstante, B eine von der Verdampfungsenthalpie und damit vom Verdampfungsmaterial abhängige Konstante. Sie gilt in guter Näherung für Dampfdrücke bis 1 mbar.

Zwischen dem Sättigungsdampfdruck und damit auch der Kondensationsrate und der Temperatur des Verdampfungsmaterials in der Verdampfungsquelle besteht ein exponentieller Zusammenhang. Relativ geringe Temperaturschwankungen führen zu relativ großen Änderungen der Kondensationsrate. Um die Kondensationsrate konstant zu halten sollte die Oberflächentemperatur des Verdampfungsmaterials möglichst homogen und konstant und die Oberfläche sollte idealerweise weder in der Größe noch in der Geometrie variieren. Da viele Schichteigenschaften u.a. auch von der Kondensationsrate abhängen, ist für einen homogenen Schichtaufbau eine konstante Kondensationsrate erforderlich. Die Dampfdrücke von Metallen in Abhängigkeit von der Temperatur sind in umfangreichen Tabellen enthalten. Für den praktischen Gebrauch bei Anwendungen der Aufdampftechnik ist es jedoch nützlicher, statt des Sättigungsdampfdrucks bei vorgegebener Verdampfungstemperatur die je Zeit- und Flächeneinheit abdampfende Materialmenge zu kennen, weil dann für jede gewünschte Schichtdicke Angaben über die ungefähr benötigte Menge Verdampfungsmaterial und die erforderliche Größe der Verdampfungsquelle gemacht werden können.

Bei der Herleitung der Beziehung geht man vom Gleichgewichtszustand aus, d.h., man nimmt an, daß genau so viele Teilchen die flüssige oder feste Oberfläche verlassen, wie zu ihr zurückkehren. Da die Anzahl der auf die Oberfläche zurückkehrenden Teilchen eine eindeutige Funktion von Druck p_{D}, Temperatur T und relativer Molekülmasse M ist [Frohn 79] ergibt sich die Anzahl N der die Oberfläche verlassenden Teilchen zu:

$$N = \frac{n\bar{c}}{4} = 26{,}4 \cdot 10^{23} \cdot \frac{p_{\mathrm{D}}}{\sqrt{MT}} \tag{3.12}$$

Dabei wird die mittlere Geschwindigkeit der Dampfteilchen mit $\bar{c}$ in cm/s und mit n die Teilchenanzahl pro cm^3 bezeichnet.

Die Masse m in g eines einzelnen Moleküls ergibt sich aus dem Quotient der Molmasse M zur Avogadrokonstanten N_A:

$$m = \frac{M}{N_A} = 1{,}66 \cdot 10^{-24} \cdot M \tag{3.13}$$

Aus den Gl. (3.12) und (3.13) ergibt sich somit die je Zeit- und Flächeneinheit abdampfende Menge G in $\mathrm{g \cdot cm^{-2} \cdot s^{-1}}$:

$$G = 4{,}4 \cdot 10^4 \, p_D \sqrt{\frac{M}{T}} \tag{3.14}$$

In Abb. 3.2 sind die Verdampfungsgeschwindigkeiten für die in dieser Arbeit relevanten Metalle und Verbindungen in Abhängigkeit von der Temperatur zusammengestellt.

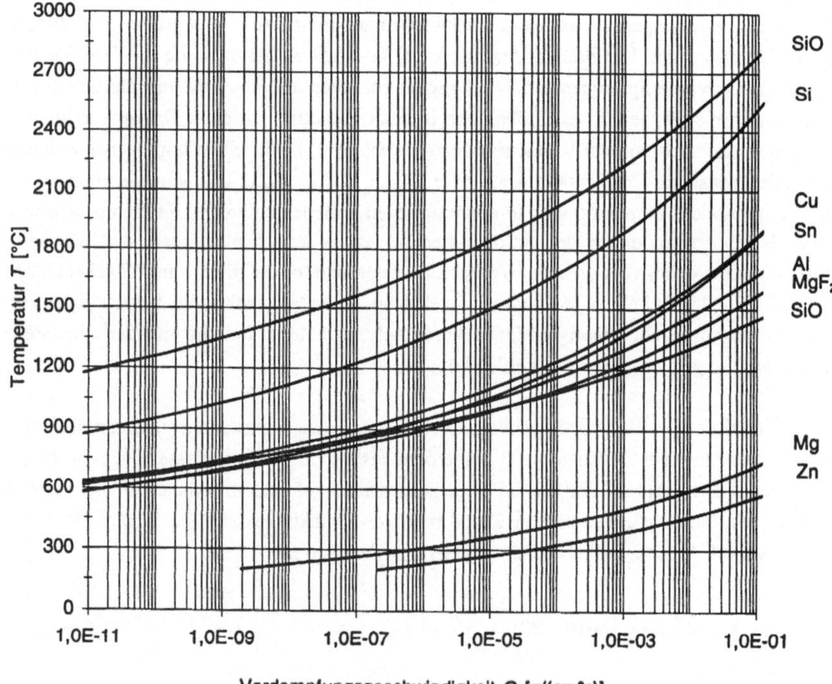

Abb. 3.2: Verdampfungsgeschwindigkeit G verschiedener Materialien als Funktion der Temperatur

3.2.1 Transportphase

Die mittlere kinetische Energie E_D der von der Verdampfungsquelle emittierten Dampfteilchen ist direkt proportional zur Temperatur der Verdampfungsquelle und der Bolzmannschen Konstanten:

$$E_D = \frac{m}{2}v^2 = \frac{3}{2}\mathbf{k}T_V \qquad (3.15)$$

Das Maximum der Maxwellschen Verteilungskurve liegt z.B. bei einer Quellentemperatur von 1500 K bei etwa 0,2 eV und bei 2000 K Quellentemperatur bei etwa 0,26 eV. Voraussetzung dabei ist, daß keine Zusammenstöße zwischen Dampfteilchen und Restgasteilchen mit niedrigerer Energie stattfinden. D.h. die Energie von Dampfteilchen ist klein und selbst bei extrem hohen Verdampfungstemperaturen bleibt sie im Vergleich zu den Teilchenenergien die bei plasmagestützten Verfahren erreicht werden klein.

Bei höheren Restgasdrücken geben die Dampfteilchen bei jedem Zusammenstoß mit den energieärmeren Restgasteilchen Energie ab, bis sie sich schließlich nach hinreichend vielen Zusammenstößen im Energiegleichgewicht befinden. Es gilt dann die Gleichung

$$E_D = \frac{m}{2}v^2 = \frac{3}{2}kT_R \qquad (3.16)$$

dabei ist für T_R die Temperatur des Restgases bzw. die der Rezipientenwand einzusetzen. Bei einer Behältertemperatur von 300 K würden die Dampfteilchen nach vielen Zusammenstößen mit Restgasteilchen unabhängig von der Verdampfungstemperatur nur noch eine Energie von weniger als 0,04 eV haben.

3.2.2 Kondensationsphase

Beim Auftreffen eines Dampfteilchens auf der Substratoberfläche hat es eine bestimmte Beweglichkeit. Es diffundiert so lange auf der Oberfläche, bis es einen festen Platz einnimmt. Da die Bindungsenergie eines Dampfatoms zum Schichtträger in der Regel kleiner ist als die Kohäsionsenergie der Dampfatome zueinander, diffundiert ein Dampfatom – eine hinreichende Energie vorausgesetzt – so lange, bis es mit anderen Dampfatomen zusammentrifft und schließlich einen Kern bildet. Diese Kern- oder Keimbildung zu Beginn des Beschichtungsprozesses findet bevorzugt an Störstellen der Trägeroberfläche statt und führt zur "Inselbildung". Durch ständige Vergrößerungen gehen die Inseln ineinander über, bis dann schließlich eine zusammenhängende Schicht entsteht.

Der Keimbildungsprozeß ist in hohem Maße von den Beschichtungsbedingungen abhängig. Er wird durch hohe Substrattemperaturen, niedrigen Schmelzpunkt des Beschichtungsmaterials und durch niedrige Kondensationsgeschwindigkeit begünstigt. Von besonderer Bedeutung für den Schichtbildungsprozeß ist die Energie der Dampfteilchen und bei plasmagestützten Prozessen das ständige Bombardement der Träger- bzw. Schichtoberfläche durch energiereiche Gasteilchen oder Ionen.

Aber nicht alle auf das Substrat auftreffenden Teilchen kondensieren. Man bezeichnet das Verhältnis der kondensierenden zu den insgesamt auftreffenden Dampfteilchen als den Kondensationskoeffizienten. Er ist oberhalb der materialabhängigen kritischen Kondensationstemperatur null, nimmt unterhalb davon in einem breiten Temperaturintervall zu und erreicht schließlich eins. Durch Erhöhung der Dampfstrahldichte kann die kritische Kondensationstemperatur zu höheren Temperaturen hin verschoben werden. Einen Effekt in gleicher Richtung kann man auch durch Aufbringen einer Zwischenschicht, Bekeimungsschicht genannt, erreichen. Die Grenztemperaturen für eine fortschreitende Kondensation sind je nach Materialpaarung recht unterschiedlich. Erfahrungsgemäß kondensieren Substanzen mit hohem Siedepunkt besser als solche mit niedrigem. Nach einer Faustregel kann man davon ausgehen, daß für Beschichtungsmaterialien, deren Siedepunkt oberhalb 1500°C liegt, der Kondensationskoeffizient bei Raumtemperatur nahezu eins beträgt. Oberhalb der kritischen Kondensationstemperatur wird an einer Festkörperoberfläche ein Dampfstrahl reflektiert. Mit beheizten Oberflächen kann der Verdampfungsstrom dadurch gelenkt werden.

3.3 Plasma

Unter einem Plasma versteht man Materie, in der sich neben neutralen Atomen und Molekülen mehr oder weniger frei beweglich geladene Teilchen – Elektronen und Ionen – in einem solchen Umfang befinden, daß sie die Eigenschaften des Systems mitbestimmen. Es kann erzeugt werden, indem z.B. eine hohe elektrische Spannung die zufällig im Gas vorhandenen Elektronen beschleunigt, diese weitere Atome durch Stoß ionisieren und so eine Ionisierungslawine entsteht, bis sich ein Gleichgewicht bei einer bestimmten Anzahl ionisierter Teilchen einstellt. Tatsächlich ist ein solches Plasma allerdings wesentlich komplexer.

Bei Atmosphärendruck ist ein Plasma sehr heiß, da angeregte, „heiße" Teilchen ihre Energie durch Stöße auf alle anderen Teilchen gleichmäßig verteilen. Beispiele sind Flammen und Bogenentladungen. Wird aber ein Plasma bei niedrigem Druck gezündet, z.B. bei 100 Pa, so sind die Teilchenstöße sehr selten, und die angeregten, geladenen Teilchen können ihre Energie nur noch selten an neutrale, „kalte" Teilchen abgeben. Da letztere aber auch bei stark ionisierten Plasmen mit etwa 99,9% noch weit in der Überzahl sind, bleibt das gesamte Plasma nichtthermisch. Eine für die Beschichtung von Kunststoffen erwünschte Situation; das Plasma belastet die Probe thermisch kaum. Dennoch haben die Elektronen Energien, die mehreren 1000 K entsprechen können, und die somit für chemische und physikalische Reaktionen sorgen, die ansonsten bei Raumtemperatur nicht ablaufen.

Ein Niederdruckplasma kann durch verschiedene Anregungsarten gezündet werden. Bei den elektrischen Anregungsarten unterscheidet man Gleichspannungs-, Wechselspannungs- und Mikrowellenplasmen. Die ersten beiden zeichnen sich durch einfache Handhabung aus und erlauben die Erzeugung großvolumiger Plasmen mit guter Homogenität. Allerdings sind die erreichbaren Ionisierungsgrade und die Abscheiderate gering (einige µm/h). Das Mikrowellenplasma hingegen ist aufwendiger in der Anwendung, da insbesondere großflächige, homogene Abscheidungen erschwert werden. Die erreichbaren Ionisierungsgrade sind jedoch hoch, was zu hohen Abscheidegeschwindigkeiten (bis zu einigen µm/min) und somit zu kurzen Zykluszeiten führt.

3.3.1 Erzeugung von Niederdruckplasmen

Die technische Erzeugung von Niederdruckplasmen beruht auf der Ionisation von Gasen oder Dämpfen bei niedrigen Drücken $p \leq 100$ Pa durch inelastische Stöße beschleunigter Elektronen. Bei der Gleichstrommethode werden die aus einer Kalt- oder einer Glühkathode emittierten Elektronen in einem konstanten elektrischen Feld beschleunigt.

Bei genügend hoher Feldstärke und Neutralteilchenkonzentration, reicht die aus dem Feld aufgenommene Energie der Elektronen zur Ionisation von Atomen oder Molekülen aus. Es bildet sich eine Elektronenlawine mit einer längs des Weges x exponentiell ansteigenden Ladungsträgerdichte $n_e \sim \exp(\alpha_T x)$ aus, wobei der von der Gasart abhängige Townsendsche Ionisationskoeffizient $\alpha_T = \alpha_T(E/p)$ eine Funktion des Verhältnisses der elektrischen Feldstärke E zum Druck p ist. Die entstandenen positiven Ionen treffen auf die Kathode und lösen hier mit der Ausbeute γ (=Anzahl der emittierten Elektronen pro auftreffendem Ion) Sekundärelektronen aus, die auf ihrem Wege zur Anode weitere Ladungsträger erzeugen. Der Entladungsstrom wächst dadurch an. Überwiegen die Ionisations- gegenüber den Wandstoß- und Rekombinationsprozessen, verläuft die Entladung selbständig. Dies erfolgt bei der Durchbruchspannung U_b, die im wesentlichen von der Zusammensetzung der Atmosphäre, dem Elektrodenmaterial, dem Druck, der Elektrodengeometrie und dem Elektrodenabstand abhängt. Im Gegensatz dazu, müssen bei einer unselbständigen Entladung von außen zusätzliche Ladungsträger eingebracht oder erzeugt werden.

Mit steigender Stromstärke kommen Raumladungen ins Spiel, die den Potentialverlauf vor der Kathode ansteigen lassen und die Ionisation begünstigen. Die Spannung U nimmt ab, und es wird der Bereich der normalen Glimmentladung durchlaufen (vgl. Abb. 3.3). In diesem Bereich sind Spannung U und die Stromdichte j konstant. Die Stromstärke I ist proportional zu der von der Entladung bedeckten Elektrodenfläche. Ist letztere vollständig bedeckt, so schließt sich bei Erhöhung von I ein Gebiet an mit steigender Strom-Spannungs-Kennlinie. In dem Bereich der anomalen Glimmentladung finden die meisten Niederdruckplasma-Beschichtungsprozesse statt. An den Bereich der anomalen Glimmentladung schließt sich bei fallender Spannung U und steigendem Strom I der Bereich der Bogenentladung an.

Bogenentladungen sind stromstarke selbständige Gasentladungen, bei denen die Elektronen hauptsächlich aus der Kathode der Entladungsstrecke thermisch emittiert werden. Bogenentladungen besitzen eine fallende Strom-Spannungs-Kennlinie. Auf Grund ihrer hohen Stromdichten sind Bogenentladungen für ionengestützte Beschichtungsverfahren besonders geeignet.

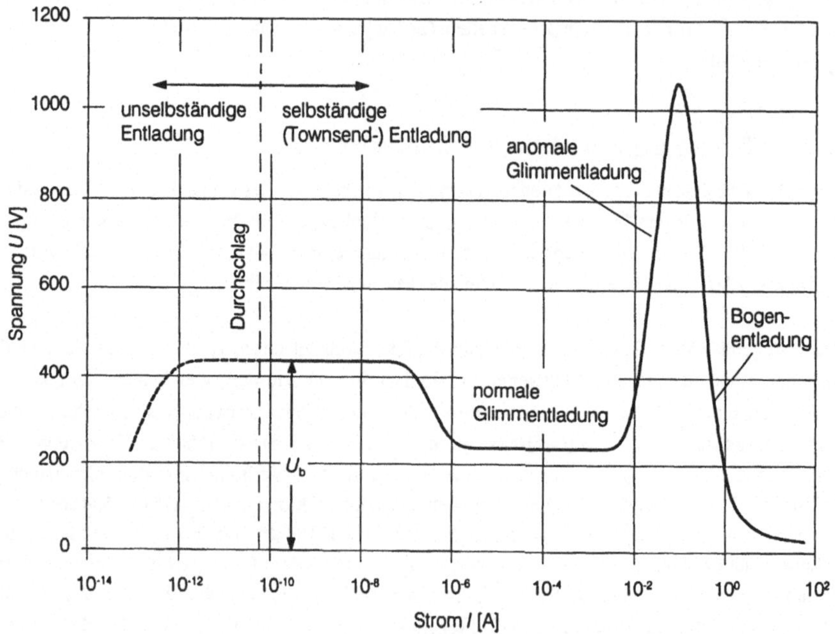

Abb. 3.3: Qualitative Darstellung einer Strom-Spannungs-Kennlinie einer Gasentladung zwischen zwei Elektroden.

In der Glimmentladung bildet sich eine durch den Zustand der Quasineutralität gekennzeichnete Plasmasäule aus, die gegenüber der Kathode auf positivem Potential liegt und in der eine nur geringe makroskopische Feldstärke herrscht (vgl. Abb. 3.4). Der steile Potentialanstieg (Kathodenfall) im Kathodendunkelraum wird durch eine positive Raumladung verursacht. Hier erhalten die Elektronen die zur Ionisation erforderliche Energie, mit der sie in das die Bereiche negatives Glimmlicht, Faraday-Dunkelraum und positive Säule umfassende Plasma eintreten. Für die Existenz der Entladung sind die positive Säule und der Faraday-Dunkelraum nicht erforderlich. Daher wird in den Anwendungen der Elektrodenabstand meist so bemessen, daß der Anodenfallraum das negative Glimmlicht berührt.

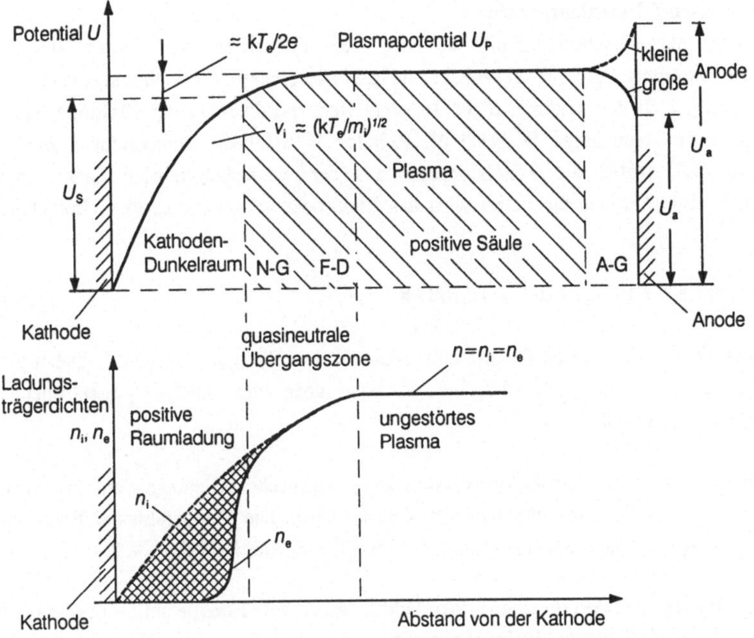

Abb. 3.4: Verlauf des Potentials in einer Glimmentladung sowie der Ladungsträgerdichte beim Übergang vom ungestörten Plasma in eine Zone positiver Raumladung, schematisch. N-G negatives Glimmlicht, F-D Faradayscher Dunkelraum, A-G Anodenglimmlicht (Anodenfallraum)

3.3.2 Plasmakenngrößen

Ladungsträgerdichte und Ionisierungsgrad

Enthält das Plasma pro Volumeneinheit n_e Elektronen und n_i einfach positiv geladene lonen, so lautet die Bedingung der Quarsineutralität $n_e = n_i \equiv n$, wobei n die Ladungsträgerdichte, d.h. die Anzahl der Ladungsträgerpaare pro m^3 bezeichnet. In Glimmentladungen ist $n = 10^{14}...10^{17}$ m^{-3}, und in Magnetron-Entladungen $10^{16}...10^{19}$ m^{-3}. Der lonisierungsgrad α ist durch

$$\alpha = \frac{n}{n + n_n} \qquad (3.17)$$

definiert, wobei n_n die Neutralteilchendichte bedeutet.

Elektronen- und Ionentemperatur

Läßt sich die Geschwindigkeitsverteilung der Elektronen und Ionen durch eine Maxwell-Verteilung beschreiben, was in einem Niederdruckplasma näherungsweise der Fall ist, so lassen sich den Ladungsträger Temperaturen zuordnen. In der Plasmaphysik ist es üblich, der Teilchenenergie W durch die Relation $W = \mathbf{k}T$ die Temperatur T zuzuordnen [Rutscher 84], wobei die Teilchenenegie aus der wahrscheinlichsten Geschwindigkeit berechnet wird. Als Energieeinheit wird das Elektronenvolt mit folgender Umrechnung in Kelvin

$$1\,\text{eV} = 1{,}6021 \cdot 10^{-19}\,\text{J} = 11605\,\text{K} \tag{3.18}$$

verwendet. In der kinetischen Theorie beträgt die mittlere Energie $\overline{W} = 3/2\mathbf{k}T$. Daher gilt z.B. für ein 2-eV-Plasma, daß $\mathbf{k}T_e = 2$ eV, aber die mittlere Elektronenenergie $\overline{W}_e = 3/2\mathbf{k}T_e = 3$ eV ist.

Allerdings existiert im Niederdruckplasma kein thermisches Gleichgewicht zwischen den Teilchen, d.h. das Niederdruckplasma ist nicht-isotherm. Die Temperatur der Elektronen ist groß gegen die der Ionen und der Neutralen: $T_e >> T_i \approx T_n$. Das hat folgende Gründe:

1. Die Elektronen nehmen im elektrischen Feld E viel rascher Energie auf als die Ionen. In der Zeit Δt gewinnt ein Elektron die kinetische Energie $(eE\Delta t)^2/2m_e$, ein Ion hiervon aber nur den Bruchteil $m_e/m_i < \approx 10^{-4}$.

2. Bei einem elastischen Stoß eines Elektrons mit der Energie W_e gegen ein Neutralteilchen mit der Energie W_n wird auf letzteres von dem Energieüberschuß $W_e - W_n$, nur der Bruchteil

$$\frac{\Delta W}{W_e - W_n} = \frac{4m_e m_n}{(m_e + m_n)^2}\cos^2\theta \approx \frac{4m_e}{m_n}\cos^2\theta <\approx 10^{-4} \tag{3.19}$$

übertragen. θ ist der Winkel zwischen der Einfallsrichtung des Elektrons und der Verbindungslinie der Zentren der Stoßpartner beim Stoß. Ein Elektron kann daher in einer Folge von elastischen Stößen im Feld E eine zur Ionisation eines Neutralteilchens ausreichende Energie akkumulieren.

3. Bei einem inelastischen Stoß eines Elektrons mit einem Neutralteilchen kann auf dieses der Bruchteil

$$\frac{\Delta W}{W_e} = \frac{m_n}{m_e + m_n}\cos^2\theta \approx \cos^2\theta < 1 \tag{3.20}$$

der Elektronenenergie $W_e > \Delta W$ in Form von Anregungs- oder Ionisationsenergie ΔW übertragen werden. Dieser Bruchteil kann Werte von fast 1 erreichen, wobei die Überschußenergie $W_e - \Delta W$ im Falle der Ionisation vor allem dem abgetrennten Elektron zugute kommt.

4. Die positiven Ionen hingegen verlieren beim Stoß gegen ein Neutralteilchen wegen der praktisch gleichen Massen im Mittel die Hälfte ihres Energieüberschußes $W_i - W_n$. (vgl. Gl. 3.19). Die Ionentemperatur liegt daher nur relativ wenig oberhalb der Gastemperatur. Für ein 2eV-Niederdruckplasma ist z.B. $T_n \approx 300$ K, $T_i \approx 500$ K und $T_e = 23\,200$ K.

Im Hochdruckplasma ($p > 0{,}1$ bar $= 10^4$ Pa), etwa im dichten und verhältnismäßig kalten Plasma einer Bogenentladung, stellt sich wegen der energieaustauschenden Stöße zwischen den Plasmakomponenten ein thermodynamisches Gleichgewicht ein. Dieses Plasma ist im Gegensatz zum Niederdruckplasma isotherm.

Mittlere freie Weglängen und Wirkungsquerschnitte

Die Wahrscheinlichkeit P(x) dafür, daß ein Teilchen die Strecke x in einer Gasentladung durcheilt, ohne einen bestimmten Stoßprozeß A auszuführen, ist durch

$$P(x) = e^{\frac{-x}{\bar{l}_A}} \tag{3.21}$$

gegeben, wobei $\bar{l}_A$ die entsprechende mittlere freie Weglänge bedeutet. Der Wert $\bar{l}_A$ für Elektronen, die ein Gas der Teilchendichte n_n durchsetzen und dabei die Reaktion A mit dem Wirkungsquerschnitt σ_A ausführen, beträgt

$$\bar{l}_A = \left(n_n \sigma_A\right)^{-1} \tag{3.22}$$

Der totale Wirkungsquerschnitt σ_{tot} kann durch die Summe der einzelnen Beiträge σ_j, z.B. elastische Stöße, Anregung, Ionisation, Anlagerung, Dissoziation und andere mögliche Prozesse zustande kommen. Ist die Elektronenenergie klein, so besteht der Hauptprozeß aus elastischen Stößen. Bei Energien, die einige Male größer als die Ionisationsenergie des betreffenden Gases sind (13,6 eV entspricht der Ionisationsenergie der ersten Stufe für Sauerstoff [Holleman 95]), ist die Ionisation der Hauptprozeß.

Der totale Wirkungsquerschnitt von Argon für Elektronen der Energie $1 \ldots 10^3$ eV beträgt $10^{-20} \ldots 10^{-19}$ m^2. Von der gleichen Größenordnung sind auch die gaskinetischen Wirkungsquerschnitte von Neutralteilchen untereinander, so z.B. für Argonatome: $\sigma_n = 10{,}41 \cdot 10^{-20}$ m^2. Die mittlere freie Weglänge der Neutralteilchen beträgt

$$\bar{l}_n = \left(4\sqrt{2}\, n_n \sigma_n\right)^{-1} \tag{3.23}$$

und die von schnellen Ionen im arteigenen Gas

$$\bar{l}_n = \left(4n_n\sigma_n\right)^{-1} \tag{3.24}$$

Aus (3.17) folgt mit $p = n_n\mathbf{k}T$ für das Produkt aus mittlerer freier Weglänge und Druck z. B. für Argon von 300 K

$$\bar{l}_n p = 6{,}7 \text{ mm Pa} = 6{,}7 \cdot 10^{-3} \text{ cm mbar} \tag{3.25}$$

Die kinetische Energie, die freie Elektronen zwischen zwei Stößen im Plasma auf dem Wege $\bar{l}_e$ in Richtung des elektrischen Feldes E gewinnen, beträgt

$$\Delta W = \mathrm{e}E\bar{l}_e \tag{3.26}$$

Mit den Werten $\sigma_{tot} = 1 \cdot 10^{-19}$ m^2, $p = 10$ Pa, $E = 10$ V mm^{-1}, ergibt sich die mittlere freie Weglänge der Elektronen $\bar{l}_e$ zu 4 mm und der Energiegewinn ΔW zu 40 eV.

Stoßfrequenz

Die Stoßfrequenz ν ist definiert als die Zahl der Stöße des Typs A, an denen ein Teilchen pro Sekunde teilnimmt und ergibt sich zu

$$\nu = \frac{\bar{v}}{\bar{l}_A} \tag{3.27}$$

wobei $\bar{v}$ die mittlere Geschwindigkeit des stoßenden Teilchens ist, die für ein Elektron der Temperatur T_e

$$\bar{v}_e = \left(\frac{8\mathbf{k}T_e}{\pi m_e}\right)^{\frac{1}{2}} = 6{,}21 \cdot 10^3 \sqrt{T_e} \text{ m s}^{-1} \text{ K}^{-1} \tag{3.28}$$

beträgt. Mit den zuvor genannten Zahlenwerten (d.h. gerechnet mit σ_{tot}) und einer Elektronentemperatur T_e von ca. 10^4 K, ergibt sich die Stoßfrequenz eines Elektrons zu :

$$\nu_e = \frac{\bar{v}_e}{\bar{l}_e} = \left(\frac{8\mathbf{k}T_e}{\pi m_e \bar{l}_e^2}\right)^{\frac{1}{2}} = 1{,}55 \cdot 10^6 \sqrt{T_e} \text{ s}^{-1} \text{ K}^{-1} = 1{,}55 \cdot 10^8 \text{ s}^{-1} = 155 \text{ MHz} \tag{3.29}$$

Beweglichkeiten und Diffusionskoeffizient

Die Beweglichkeit μ ist im magnetfeldfreien Plasma durch das Verhältnis der Driftgeschwindigkeit v_{dj} eines Ladungsträgers j zur elektrischen Feldstärke E definiert: $v_{dj} = \mu_j E$. Wenn die Frequenz ν_j der unelastischen Stöße des Ladungsträgers so groß ist, daß seine Driftgeschwindigkeit klein gegen seine thermische Geschwindigkeit ist, gilt im magnetfeldfreien Plasma

$$\mu_j = \frac{e}{m_j \nu_j} \tag{3.30}$$

wobei m_j die Masse des Ladungsträgers und e die Elementarladung ist. Die Beweglichkeit der Elektronen ist wegen der sehr viel kleineren Masse bedeutend größer als die der Ionen.

Aus der Beweglichkeit läßt sich nach der Einstein-Relation der Diffusionskoeffizient D_j des j-ten Ladungsträgers berechnen:

$$D_j = \frac{\mu_j kT}{e} = \frac{kT}{m_j \nu_j} \tag{3.31}$$

Der Diffusionskoeffizient ist nach (3.26) direkt proportional zur Beweglichkeit.

Elektrische Leitfähigkeit

Der Beitrag einer Teilchenart j zur Leitfähigkeit ϕ des Plasmas ist im Fall eines Gleichstroms durch

$$\phi_j = e n_j \mu_j = \frac{e^2 n_j}{m_j \nu_j} \tag{3.32}$$

gegeben. Die Leitfähigkeit wird wegen des Einflusses von $m_j \nu_j$ im wesentlichen durch die Elektronen bestimmt. Wird die Spannung am Plasma erhöht, so steigt ϕ wegen der Ladungsträgerzunahme stark an. Für den Fall dominierender Coulomb-Wechselwirkung im Plasma, d.h. die Elektron-Elektron-Stoßfrequenz ν_{ee} ist groß gegenüber der Elektron-Atom-Stoßfrequenz ν_{ea}, ist die Leitfähigkeit ϕ proportional zu $T_e^{3/2}$. Bei Überlagerung von Magnetfeldern wird ϕ anisotrop. Sind HF-Felder im Plasma vorhanden, wird ϕ komplex.

Kollektive Kenngrößen

Die Coulomb-Wechselwirkungen zwischen den Ladungsträgern befähigen das Plasma zu kollektiven Verhaltensweisen. Die im folgenden definierten Kenngrößen beschreiben diese kollektive Verhalten.

Die *Debye-Länge* ist ein Maß für die Coulomb-Kräfte im Plasma. Sie ergibt sich aus der Bedingung, daß im Abstand l_D vom Ort eines Ladungsträgers dessen Coulombfeld durch die anderen Ladungsträger abgeschirmt ist.

$$l_D = \left(\frac{\varepsilon_0 \mathrm{k} T_e}{n_e e^2} \right)^{\frac{1}{2}} \tag{3.33}$$

Innerhalb einer Kugel vom Radius l_D (Debye-Kugel) um ein geladenes Teilchen ist die Bedingung der Quasineutralität gestört. Ein Plasma kann nicht in einem Raum mit Abmessungen kleiner als l_D existieren.

Als *Plasmafrequenz* ν_p wird die Frequenz bezeichnet mit der die Elektronen in ihrer Gesamtheit gegenüber den als ruhend vorausgesetzten Ionen Plasmaschwingungen ausführen.

$$\nu_p = \frac{1}{2\pi} \left(\frac{\mathrm{e}^2 n_e}{\varepsilon_0 m_e} \right)^{\frac{1}{2}} \tag{3.34}$$

Eine Plasmaschwingung kann sich ausbilden, wenn der Betrag für die Plasmafrequenz ν_p der sich aus Gl. 3.28 ergibt, groß ist gegenüber der Stoßfrequenz zwischen Elektronen und Neutralteilchen ν_{ea}.

Der *kritische Ionisationsgrad*

$$\alpha_c \approx 1{,}8 \cdot 10^{16} \sigma_{ea} (\mathrm{k} T_e)^2 \tag{3.35}$$

erlaubt eine Aussage darüber, ob Elektron-Atom-Stöße oder Elektron-Elektron-Stöße dominieren. Für $\alpha > \alpha_c$ ($\alpha < \alpha_c$), ist $\nu_{ee} > \nu_{ea}$ ($\nu_{ee} < \nu_{ea}$). Ist $\alpha \gg \alpha_c$, so sind Stöße mit Coloumb-Wechselwirkung dominierend.

Raumladungsschichten und Ströme auf Elektroden im Plasma

Im unendlich ausgedehnten stationären Plasma sind die Parameter $n = n_e = n_i$, T_e, T_i sowie das Plasmapotential U_p konstant. Bringt man eine Wand in das Plasma, so lädt sie sich gegenüber dem Plasma negativ auf. Der Grund hierfür ist, daß die Rate, mit der die Elektronen ($j_e \sim \bar{v}_e$) im ersten Augenblick auftreffen, sehr viel größer ist als die der Ionen ($j_i \sim \bar{v}_i$). Später folgende Elektronen werden dann von der Wand abgestoßen, und die Ionen angezogen. Das Potential, die Ladungsträgerdichten und die Teilchengeschwindigkeiten in der Nähe von Wänden und ebenso auch von Elektroden werden gegenüber den Werten im ungestörten Plasma verändert. Die Ortsabhängigkeit von T_e kann dabei allerdings wegen der hohen Elektronengeschwindigkeit meist vernachlässigt werden. In Abb. 3.4 ist der Potentialverlauf in einem Plasma schematisch dargestellt. In der Nähe der Elektroden (Kathode und Anode) bilden sich Raumladungsschichten aus, die sich als Dunkelräume zu erkennen geben.

3.4 Schichthaftung

Durch die Beschichtung sollen bestimmte Eigenschaften von Kunststoffbauteilen, z.B. Verschleißfestigkeit, Leitfähigkeit, elektromagnetische Abschirmwirkung oder Korrosionsbeständigkeit, verbessert werden. Da diese Eigenschaften im wesentlichen von der aufgebrachten Schicht abhängen, ist die Haftfestigkeit der Schicht auf dem Substrat von erheblicher Bedeutung für die Gebrauchsfähigkeit beschichteter Bauteile.

3.4.1 Definition von Haftfestigkeit

Als Haftung wird die Arbeit verstanden, die notwendig ist, um die Verbindung von Atomen oder Molekülen in der Grenzschicht zwischen Schicht und Substrat zu trennen. Die so definierte Haftung ist die Summe aller möglichen Bindungsmechanismen, die in der Grenzschicht wirken, und wird oft als "basic adhesion" bezeichnet. Hierunter wird die theoretisch maximal erreichbare Haftung eines Systems verstanden.

In der Praxis besteht die Notwendigkeit, die Größe der Haftung zu bestimmen. Als Haftfestigkeit werden die Meßwerte bezeichnet, die die oben definierte Haftung in Form einer Spannung bzw. Festigkeit angeben. Die absolute Größe dieser Haftfestigkeit bestimmt die Größe der Kraft, die zum Trennen der Bindung zwischen Schicht und Substrat einer definierten Fläche aufgebracht werden muß.
Daher wird zwischen der praktisch meßbaren Haftfestigkeit und der theoretisch erreichbaren Haftung unterschieden. Die experimentell ermittelte Haftfestigkeit beinhaltet neben der maximal erreichbaren Haftung die mechanischen Eigenschaften der Schicht , den Einfluß des Bruchmechanismus beim Trennen von Schicht und Substrat sowie den spezifischen Meßfehler der Meßmethode.

Aufgrund eines heterogenen Strukturaufbaus von Schicht und Substrat, sowie partieller Verunreinigungen der Oberfläche, ist die Haftung meist ortsabhängig [Pulker 81] und kann über der Substratoberfläche stark variieren. Die Haftfestigkeit sollte deshalb immer als ein Durchschnittswert, bezogen auf die untersuchte Fläche, angegeben werden [Mann 94].

Die Haftung zwischen Schicht und Substrat wird durch eine große Anzahl von Parametern beeinflußt. Von besonderer Bedeutung sind die Auswahl von Schicht- und Substratmaterial, die Substratvorbehandlung und die Energie der auf das Substrat auftreffenden Teilchen. Durch diese drei Faktoren wird im wesentlichen die Art des Schichtaufbaus und die Form der Übergangszone bestimmt welche die Haftung maßgeblich beeinflussen.

3.4.2 Modelle für die Haftung von Metallen auf Kunststoffen

Bei der Beschichtung bildet sich zwischen Substrat und Schicht eine Grenzschicht (Interface) aus. Eine Einteilung der Grenzschicht erfolgt anhand der sich unterschiedlich ausbildenden Mikrostruktur zwischen Substrat und Schicht. Die Art der Grenzschicht hat einen erheblichen Einfluß auf die Haftung. Man kann dabei nach *Ohring* zwischen vier (vgl. Abb. 3.5) und nach *Mattox* zwischen fünf (vgl. Abb. 3.6) verschiedenen Interfacearten unterscheiden.

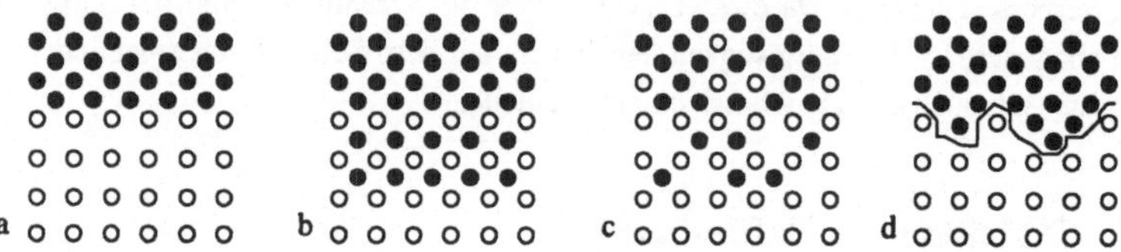

Abb. 3.5: Verschiedene Interfacearten nach *Ohring*: a) das abrupte Interface, b) das zusammengesetzte Interface, c) das Diffusionsinterface und d) das mechanische Interface [Ohring 92]

Mattox differenziert neben diesen vier Interfacearten noch in den sogenannten Pseudodiffussionsübergang

Das abrupte Interface nach *Ohring* entspricht der Monolage/Monolage Grenzschicht nach *Mattox*, und ist durch einen plötzlichen Wechsel vom Substrat- zum Schichtmaterial gekennzeichnet. Der Übergang zwischen Substrat und reinem Schichtmaterial findet hier innerhalb weniger Atomlagen statt (ca. 0,1 bis 0,5 nm) [Mattox 65]. Es tritt keine Diffusion und keine bzw. nur geringe chemische Bindung zwischen Schicht und Substrat auf. Dieser Typus bildet sich aus, wenn keine gegenseitige Löslichkeit besteht, nur geringe Energie während der Beschichtung zur Verfügung steht oder wenn Verunreinigungen auf dem Substrat vorhanden sind [Pulker 81]. Schichtspannungen und Defekte sind hier auf einen kleinen Bereich konzentriert und führen zu einer relativ schlechten Haftung. Das Aufrauhen des Substrates und die damit verbundene Oberflächenvergrößerung können hier zu einer besseren Schichthaftung führen.

Das zusammengesetzte Interface nach *Ohring* ist der chemischen Grenzschicht nach *Mattox* sehr ähnlich, und ist durch eine mehrere atomare Lagen dicke Zwischenschicht aus Substrat- und Schichtmaterial gekennzeichnet. Diese Schicht wird nach *Mattox* allein durch chemische Reaktionen und nach *Ohring* zusätzlich durch Diffusion erzeugt. Kennzeichnend ist die konstante chemische Zusammensetzung über mehrere Gitterebenen im Interface hinweg [Mattox 65]. Dabei kann sich in der Grenzschicht eine intermetallische Verbindung, ein Oxid oder eine andere Verbindung bilden. Die Haftung ist in der Regel gut, solange die Zwischenschicht nicht zu dick wird.

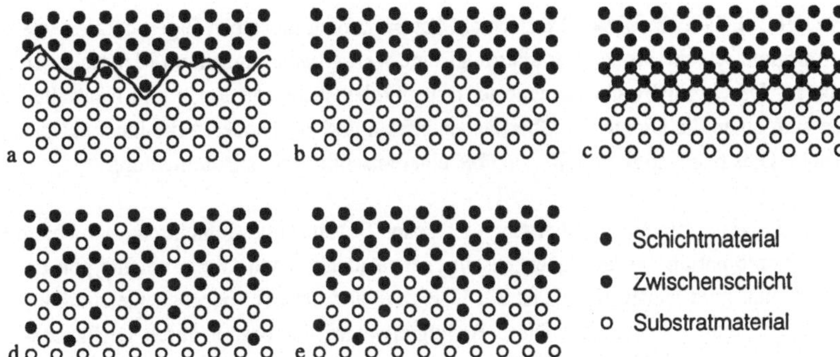

Abb. 3.6: Grenzschichttypen nach *Mattox* [Mattox 65] a) Mechanische Grenzschicht, b) Monolage/Monolage Grenzschicht, c) Chemische Grenzschicht, d) Diffusionsgrenzschicht und e) Pseudodiffusionsgrenzschicht

Das Diffusionsinterface wird charakterisiert durch einen graduellen Wechsel zwischen Substrat- und Schichtmaterial. Voraussetzung für einen Diffusionsübergang ist die gegenseitige Löslichkeit der Materialien und eine entsprechende Substrattemperatur. Wird z.B. Kupfer auf ein unbeheiztes Goldsubstrat aufgedampft, so reicht die Kondensationswärme des Kupfers aus, damit eine ausgeprägte Diffusion stattfinden kann. Die Grenzschichtdicke hängt stark von Temperatur und Löslichkeit ab. Diffusionsschichten können besondere Eigenschaften haben, z.B. als Zwischenschicht unterschiedlicher Materialien, um mechanische Spannungen aufgrund thermischer Ausdehnung zu reduzieren. Die notwendige Energie muß von außen zugeführt werden. Dies kann durch thermische Aktivierung oder durch Implantation der kondensierenden Ionen erreicht werden. Besonders bei Kunststoffen spielt dieser Haftungsmechanismus eine wichtige Rolle. Die Interdiffusion des Schichtmaterials führt hier zu einer gut haftenden Schicht.

Das mechanische Interface nach *Ohring* bzw. *Mattox*, wird durch ein Verhaken zwischen der Schicht und dem Substrat charakterisiert. Das Substrat wird dabei in der Regel stark aufgerauht, so daß zum Teil Löcher entstehen, in der das Schichtmaterial eine mechanische Verankerung erzeugen kann. Die mechanische Belastbarkeit dieser Strukturen bestimmt dabei die Qualität der Haftung. Beispiele für diesen Grenzschichttyp sind dickere Schichten, die durch thermisches Spritzen oder naßchemisch auf angeätzte Kunststoffe aufgebracht werden. Auch dieser Übergang spielt bei Kunststoffen eine wichtige Rolle.

Im Gegensatz zu *Ohring*, unterscheidet *Mattox* noch in eine fünfte, die sogenannte Pseudodiffusionsgrenzschicht. Unter starker Energieeinwirkung auf das Substrat bildet sich auch bei nicht gegenseitig löslichen Materialien ein Übergang aus, der einer Diffusionsgrenzschicht ähnlich ist. Es werden Ionen und Neutralteilchen mit hoher Energie in das Substrat geschossen (implantiert). Dabei hängt die Dicke dieser Grenzschicht von der jeweiligen kinetischen

Energie der Teilchen ab. Diese Grenzschicht hat prinzipiell dieselben Eigenschaften wie eine Diffusionsgrenzschicht, wobei hier allerdings eine weit größere Anzahl an Materialpaarungen möglich ist. Durch ein Bombardement der Substratoberfläche mit Ionen und Neutralteilchen werden zum einen die Dichte der Oberflächendefekte und zum anderen die inneren Spannungen erhöht. Dies begünstigt die Diffusion bei einer anschließenden Beschichtung.

Die in der Praxis auftretenden Übergänge zwischen Substrat und Schichtmaterial stellen immer eine Kombination aus den oben beschriebenen idealisierten Grenzschichttypen dar. Im Bezug auf eine gute Haftfestigkeit ist ein Übergang anzustreben, der sich gleichmäßig über einen großen Bereich erstreckt. Diese Bedingung wird am besten durch Diffusions- und Pseudodiffusionsgrenzschichten erfüllt.

4 Versuchsaufbau

Im folgenden wird der in dieser Arbeit verwendete Versuchsaufbau zur Modifizierung und zur Beschichtung der Kunststoffoberflächen vorgestellt und beschrieben.

4.1 Plasmaätzanlage

Die Plasmaätzanlage (Plasmatron MW 300), die im Rahmen dieser Arbeit zur Aktivierung und Reinigung der Substratoberflächen verwendet wurde, verfügt über zwei Vakuumrezipienten. Das Plasma kann durch Einkopplung eines elektrischen Feldes $\vec{E}$ mit verschiedenen Frequenzen erzeugt werden. Im wesentlichen besteht die in Abbildung 4.1 dargestellte Plasmaätzanlage aus folgenden Komponenten:

- 2 Vakuumrezipienten,
- Pumpsystem,
- Vakuummeßsystem,
- Steuereinheit,
- Gasflußsystem,
- 0 - 33 kHz-Generator
- 13,56 MHz-Generator und
- 2,45 GHz-Generator.

Als Vakuumsystem dienen zwei Borsilikatglasrezipienten mit einem Durchmesser d von 200 mm und einer Länge l von 300 mm ($V = 9{,}42$ dm^3). Diese werden mit einer chemiekalienbeständigen Drehschieberpumpe (Leybold Trivac D16 BCS, PFPE) evakuiert. Der Niederfrequenz-Generator erlaubt das Einkoppeln eines elektrischen Feldes $\vec{E}$ mit einer Frequenz zwischen 0 Hz (DC-Glimmentladung) und 33 kHz. Dabei kann die Spannungsamplitude zwischen -1000 V und + 1000 V stufenlos eingestellt werden. Die maximal einkoppelbare Leistung beträgt ca. 1 kW. Die Plasmaanregung im Megahertzbetrieb erfolgt durch die kapazitive Einkopplung eines elektromagnetischen Wechselfeldes der Frequenz f = 13,56 MHz mit einer maximalen Leistung von P = 500 W. Beim Betrieb im Gigahertzbereich werden Mikrowellen der Frequenz f = 2,45 GHz mit einer maximalen Leistung von P = 850 W durch ein Magnetron erzeugt und über einen Hohlleiter eingekoppelt. Auf eine Volumeneinheit bezogen können somit bei der Niederfrequenzanregung Leistungsdichten bis zu 106 W/dm^3, bei der Radiowellenanregung bis zu 53 W/dm^3 und bei der Mikrowellenanregung Leistungsdichten bis zu 90 W/dm^3 erreicht werden.

Das ursprüngliche Gasdosiersystem aus handbetätigten Nadelventilen wurde durch eine automatische Steuerung, bei der entweder der Kammerdruck oder der Prozeßgasfluß geregelt werden kann, ersetzt. Die Anlage ermöglicht die Plasmamodifikation von Substraten bei Prozeßdrücken zwischen 20 und 100 Pa.

Der Prozeßablauf kann wie folgt beschrieben werden: Zunächst werden die Rezipienten auf einen Druck von $p < 10$ Pa evakuiert. Anschließend wird das Prozeßgasgemisch in das System eingeleitet und durchströmt das Vakuumsystem für eine Zeit von t = 30 Sekunden, bevor für eine variabel einstellbare Zeit ein Plasma gezündet wird. Durch diesen Prozeßablauf wird sichergestellt, daß zum einen der Anteil an Restgas möglichst klein ist und zum anderen, daß sich Gasfluß und Prozeßdruck vor Beginn der Plasmamodifikation stabilisiert haben. Nach dem Ende der Modifizierung wird die Kammer wieder bis an die von der Pumpe vorgegebene Grenze abgepumpt ($p < 10$ Pa), bevor diese mit Argon belüftet wird.

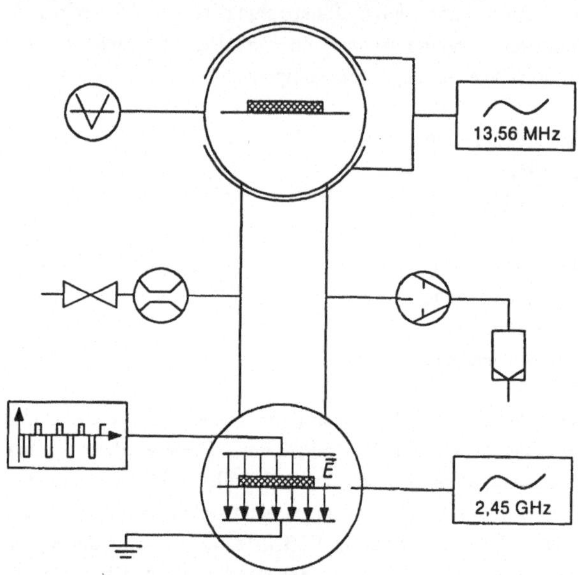

Abb. 4.1: Prinzipskizze der in dieser Arbeit verwendeten Plasmaätzanlage

4.2 Beschichtungsanlage

Die Beschichtungsanlage besteht aus einem Stahlzylinder mit einer Höhe h von 650 mm und einem Durchmesser d von 590 mm mit aufgeschraubtem Deckel. Der Vakuumrezipient kann durch Anheben des Stahlzylinders von dem fest montierten Unterteil geöffnet werden. Das Unterteil hat ebenfalls einen Durchmesser d von 590 mm und eine Tiefe t von 200 mm und dient zur Aufnahme zweier Elektrodenpaare (vgl. Abb. 4.2). Es ergibt sich somit ein Gesamtvolumen V der Vakuumkammer von ca. 230 dm^3.

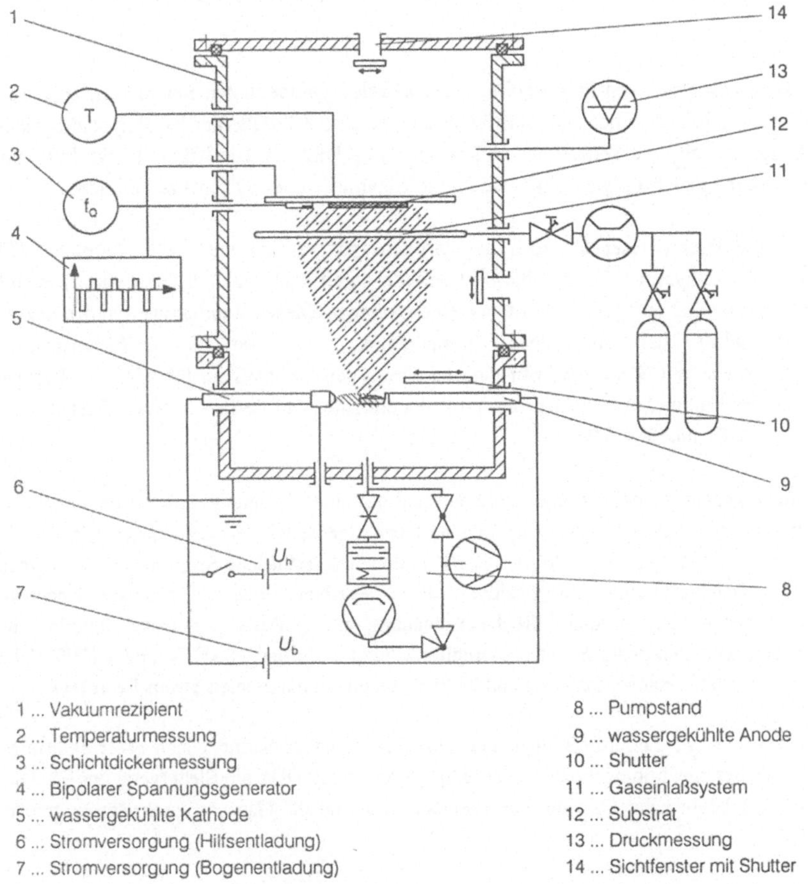

Abb. 4.2.: Aufbau der Beschichtungsanlage

Das zur Beschichtung erforderliche Vakuum wird durch Serienschaltung einer zweistufigen Drehschieberpumpe der Fa. Leybold (Modell: TRIVAC D 40 BCS-PFPE) mit einer Saugleistung von 40 m^3 pro Stunde und einer Öldiffusionspumpe der Fa. Varian (Modell: VHS-6) mit einer gasartabhängigen Saugleistung zwischen 2 m^3 und 3 m^3 pro Sekunde erzeugt. Die Öldiffusionspumpe erlaubt an ihrem Eingang einen Druck p der nicht größer als ca. 50 Pa sein darf und kann nicht gegen atmosphärischen Druck pumpen. Aus diesem Grund muß der Abpumpvorgang druckgesteuert sein. Das Vorvakuum wird von der Drehschieberpumpe durch Überbrückung der Diffusionspumpe erzeugt. Sinkt der Kammerdruck p unter 30 Pa wird der Absperrschieber zwischen Öldiffussionspumpe und Kammer geöffnet. Das von der

Diffusionspumpe geförderte Gas wird dann an deren Auspuff von der Drehschieberpumpe abgesaugt.

Um das Rückströmen von Pumpenöl aus der Diffusionspumpe in den Rezipienten zu verhindern, ist zwischen Kammer und Öldiffusionspumpe eine Kühlfalle der Fa. Polycold Systems geschaltet, die auf eine Temperatur von ca. -130°C gekühlt ist. Die Kühlfalle hat durch ihre Getterwirkung gleichzeitig die Eigenschaft, die Abpumpzeit des Systems zu verkürzen.

Sowohl die Drehschieber als auch die Diffusionspumpe sind mit reaktionsarmen PTFE (Polytetrafluorethylen) - Öl (Fomblin-Öl) befühlt, damit auch reaktive Gase wie Sauerstoff oder Tetrafluormethan (CF_4) gefördert werden können. Dieses fluorhaltige synthetische Öl reagiert selbst bei so hohen Temperaturen, wie sie in Diffusionspumpen herrschen, nicht mit Sauerstoff. Mit dem beschriebenen Pumpsystem läßt sich ein Restgasdruck in der Kammer von weniger als $1 \cdot 10^{-3}$ Pa erreichen. Im Betrieb liegt der Restgasdruck zwischen $3 \cdot 10^{-3}$ und $6 \cdot 10^{-3}$ Pa.

An einem, gegenüber der Kammer isolierten und mit einer Spannungsversorgung versehenen Substrathalter, sind die Proben angebracht. Über eine spezielle Spannungsquelle der Fa. Magtron (MAGPULS Modell: MAP 1000/10) können verschiedene Spannungsarten angelegt werden: Gleichspannung mit positiver oder negativer Polarität, gepulste Rechteck-Gleichspannung und bipolare Rechteckspannung mit jeweils wählbarer Impuls- und Pausenzeit. Die maximale Spannungsamplitude liegt zwischen -1000 V und +1000 V bei einer maximalen Rechteckfrequenz von 33 kHz und einem maximalen Strom I von 10 A.

Zwischen dem Verdampfungstiegel und dem Substrathalter befindet sich ein ringförmiger Gaseinlaß, der eine homogene Gasverteilung gewährleistet. Über ein Steuergerät der Fa. MKS Instruments können der Gasfluß, der Kammerdruck und die Gaszusammensetzung geregelt werden.

Zur Bestimmung der Schichtdicke ist in der Nähe des Substrathalters ein 6-MHz Schwingquarz der Fa. Sycon Instruments (Modell: STC-200/SQ) positioniert. Dieser ist wassergekühlt um den Einfluß durch die Erwärmung während der Beschichtung zu verringern. Damit kann während der Beschichtung die Schichtdicke und die Aufwachsrate bestimmt werden (vgl. Kapitel 2).

Die thermische Belastung der Substrate wird über ein Thermoelement unmittelbar am Substrathalter aufgenommen. Da die Substrate während der Plasmamodifikation und der Beschichtung mit einem gepulsten Bias beaufschlagt werden, ist eine spannungsentkoppelte Temperaturmessung der Substrattemperatur notwendig. Diese Entkopplung erfolgt außerhalb der Kammer mittels einer optoelektonischen Einheit. Diese Einheit ist isoliert an der Kammer befestigt.

Durch das Sichtfenster in der Kammerwand können die Zündung und das Leuchten des Plasmas während der Beschichtung beobachtet werden. Da dieses Fenster im Betrieb sehr schnell beschichtet wird, ist es mit einem Shutter zur Abdeckung versehen.

Eine Besonderheit des anodischen Vakuumbogens ist sein relativ einfacher Aufbau. In dem festen Unterteil (vgl. Abb. 4.2) sind, gegenüber der Kammer isoliert, zwei wassergekühlte Elektrodenpaare eingelassen. Das Verdampfungsgut befindet sich in einem Tiegel, der an der Anode befestigt ist. Der Tiegel ist je nach Verdampfungsmaterial aus Wolfram, Molybdän oder einer Keramik (Sinterkeramik mit Bestandteilen von Aluminiumnitrid AlN, Bornitrid BN und Titandiborid TiB_2) gefertigt. Die Kathode befindet sich gegenüber dem anodischen Tiegel und besteht aus einem auf ein wassergekühltes Rohr aufgeschraubtem Messingtarget. Das Target wird von einer Edelstahlhülse abgeschirmt. Zur Isolation zwischen Kathode und Abschirmung wird ein Keramik- oder Glaszylinder eingesetzt (vgl. Abb. 4.3).

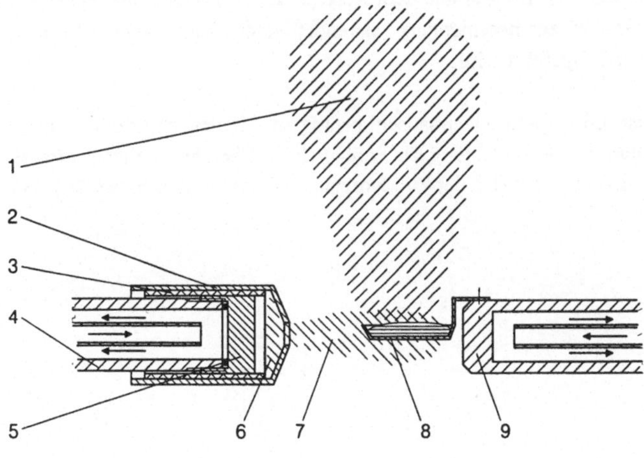

1 ... anodisches Plasma
2 ... Edelstahlhülse
3 ... verkupferter Keramikzylinder
4 ... wassergekühlte Kathode
5 ... Messingtarget
6 ... kathodisches Plasma
7 ... anodischer Lichtbogen
8 ... Tiegel mit Verdampfungsgut
9 ... wassergekühlte Anode

Abb. 4.3: Aufbau der Elektroden

Die Tiegelposition kann relativ zur Kathodenfläche in der Höhe, im Abstand und im Winkel variiert werden. Dadurch kann der Flußionisationsgrad X und die Verdampfungsrate beliebig eingestellt werden (vgl. Kapitel 2.1.3.5). In dieser Arbeit wurde die Tiegeloberkante auf die

Mitte der Kathode eingestellt. Nach *Mausbach* erreicht der Flußionisationsgrad dann seinen maximalen Wert von ca. 30% [Mausbach 94].

Als Stromversorgung für die Bogenentladung wurde eine Konstantstromquelle der Fa. Magtron (MALAN, Modell 40/300) eingesetzt, die einen Strom bis maximal 300 A liefert. Die maximale Spannung von 40 V ermöglicht den Betrieb des Bogens auch bei hohen Brennspannungen und deckt den hohen Spannungsbedarf beim Zündvorgang. Im Gegensatz zu den Ausführungen im zweiten Kapitel, bei denen die Edelstahlhülse auf Kammerpotential liegt und der Zündvorgang über einen Kurzschluß zwischen Kathode und Kammerwand erfolgt (vgl. Kapitel 2.1.3.5), wird hier die Zündung durch eine Hilfsentladung mit einer zusätzlichen zweiten Stromversorgung vollzogen. Nach dem Zünden kann diese Stromversorgung abgetrennt werden (vgl. Abb. 4.2). Dies hat den Vorteil, daß keine Energie über die Kammer abfließen kann. Es hat sich im Laufe dieser Arbeit gezeigt, daß, abhängig von dem Verdampfungsmaterial und dem Abstand der Elektroden, die eingekoppelte Energie nur zur 50% bis 70% zur Beschichtung verwendet werden kann, und der Rest ungenutzt über die Kammerwand abgeführt wird.

Der Tiegel ist mit einem pneumatisch betätigten Shutter abgedeckt, um einen gezielt gesteuerten Start der Beschichtung zu ermöglichen. Über ein weiteres Sichtfenster in der Decke des Rezipienten läßt sich der Zündvorgang und das Aufheizen des Tiegels überwachen.

5 Versuchsdurchführung

Im folgenden sollen zum einen die in dieser Arbeit verwendeten Substrate und die Schichtmaterialien sowie die Vorgehensweise bei der Versuchsdurchführung beschrieben werden.

5.1 Substrate

Als Substratmaterial wurden Kunststoffplatten aus Polycarbonat (vgl. Abb. 5.1) mit dem Handelsnamen Lexan SL 2030 - 112 von der Firma General Electric Plastic B.V., mit einer Dicke von 1,5 mm verwendet. Zur Vermeidung von Verschmutzung und Kratzern sind die Rohlinge beidseitig mit einer dünnen abziehbaren Folie versehen. Einige wichtige Materialeigenschaften können der Tabelle 5.1 entnommen werden. Polycarbonat ist ein amorpher, transparenter, hart elastischer, schlagzäher Thermoplast mit hoher Wärmeformbeständigkeit. Zum Vergleich des Verhaltens der abgeschiedenen Schichten auf harten und weniger elastischen Materialien wurden handelsübliche Objektträger aus Glas beschichtet.

Für die rasterelektronenmikroskopischen Aufnahmen der Schichten wurden außer den schon erwähnten Substraten, Siliziumwafer beschichtet. Diese lassen sich leicht mit einer geraden Bruchkante brechen.

Materialeigenschaften Polycarbonat		
Dichte ρ	g/cm^3	≈ 1,20
Streckspannung δ_s	N/mm^2	≥ 63
Elastizitätsmodul E	N/mm^2	≥ 2400
Dielektrizitätszahl ε_r (50 bis 1 MHz)		≈ 2,9
Temperaturbereich bei Dauergebrauch	°C	- 40 bis +120
Kurzzeitige thermische Belastung	°C	149
Polarität		schwach polar
Kontaktwinkel	°	79
Feuchtigkeitsaufnahme	%	0,15
Transmission zw. 390 und 850 nm	%	90
Chemische Beständigkeit		bedingt (nicht gegen Laugen)

Tab. 5.1: Physikalische Eigenschaften von Polycarbonat mit dem Handelsnamen Lexan

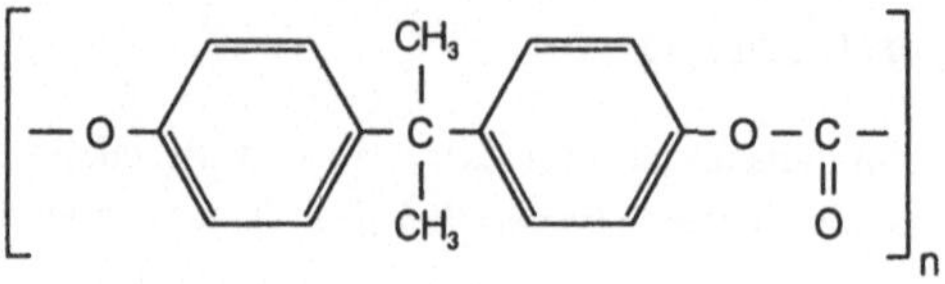

Abb. 5.1: Chemische Strukturformel von Polycarbonat

5.2 Versuchsablauf

5.2.1 Plasmamodifikation

Die Kunststoffe (vgl. Kapitel 5.2) wurden mit der unter Kapitel 4.1 beschriebenen Plasmaätzanlage in einem Mikrowellenplasma bei einem konstanten Druck p von 100 Pa modifiziert. Dabei wurde zum einen die Gaszusammensetzung G, die Zeit t, und die Mikrowellenleistung P diskret variiert. Für das Parameterfeld gilt:

$$G \in \{100\%\ O_2,\ 90\%\ O_2 + 10\%\ CF_4,\ 80\%\ O_2 + 20\%\ CF_4,\ 70\%\ O_2 + 30\%\ CF_4\}$$
$$t \in \{30\ s,\ 60\ s,\ 120\ s,\ 300\ s,\ 600\ s\}$$
$$P \in \{10\ W/dm^3,\ 20\ W/dm^3,\ 30\ W/dm^3,\ 50\ W/dm^3\}$$

Es ergeben sich somit 80 unterschiedliche Punkte im Parameterraum. Die modifizierten Oberflächen wurden anschließend durch Bestimmung der Oberflächenspannung anhand des Kontaktwinkels und der Oberflächentopographie mit dem Rasterelektronenmikroskop beurteilt.

5.2.2 Beschichtung

Im folgenden wird die Vorgehensweise bei der Beschichtungen in dieser Arbeit beschrieben.

Die Substrate wurden in einem Abstand von 20 cm über der Verdampfungsquelle befestigt. Danach wurde die Kammer auf einen Restgasdruck $4 \cdot 10^{-3}$ Pa $< p <$ $6 \cdot 10^{-3}$ Pa abgepumpt. Dann wurde, je nach abzuscheidendem Schichtsystem, entweder ein Sauerstoffpartialdruck zwischen 0,1 und 2 Pa eingestellt oder ein bestimmter Sauerstofffluß zwischen 180 und 550 sccm eingestellt. Um den anodischen Vakuumbogen zu zünden muß zunächst eine kathodische Hilfsentladung gezündet werden, was durch einen Kurzschlußstrom über den kupferbeschichteten Glas- bzw. Keramizylinder erfolgte. Durch das Verdampfen von Kupfer und Zink werden Ladungsträger erzeugt, die die Hilfsentladung tragen. Zwischen der Abschirmhülse und dem Messingtarget (vgl. Abb. 4.3) brennt nun ein Plasma, das durch Verdampfen des Kathodenmaterials stabil brennt. Vom Prinzip her entspricht dies einem kathodischen Vakuumbogen (vgl. Kapitel 2). Die Edelstahlhülse verhindert dabei das

Austreten von aufgeschmolzenen Partikeln in das anodische Plasma, was zu Droplets auf dem Substrat führen würde. Die von der Messingkathode emittierten Kupfer- und Zinkatome gelangen so nur zu einem sehr geringen Teil in das anodische Plasma (vgl. Kapitel 6).

Die durch die Öffnung der Edelstahlhülse austretenden Elektronen heizen den Tiegel auf, bis das Verdampfungsgut geschmolzen ist und zu verdampfen beginnt. Der physikalische Hauptmechanismus zur Beheizung des Verdampfungsgutes ist der Elektronenbeschuß durch die im Plasma erzeugten Elektronen (vgl. Kapitel 3.3.1). Die verdampften Atome werden durch den Beschuß der Elektronen angeregt und ionisiert, so daß ein Plasma entsteht.

Mit dem Zünden des Plasmas sinkt der elektrische Widerstand zwischen den Elektroden. Der zugeführte Strom fließt nun verstärkt über das Plasma zwischen Kathode und Anode. Zur Aufrechterhaltung der Entladung ist eine Aktivität der Kathode nötig, das heißt, es muß für eine Freisetzung von Ladungsträgern gesorgt werden, um den Stromtransport von der Kathode in das anodische Plasma zu gewährleisten. Die Hilfsentladung ist dazu zwar nicht erforderlich, sie hat aber keinen negativen Einfluß auf die Beschichtung. Im Laufe der Arbeit hat sich gezeigt, daß die Erosion des Messingtargets durch die Rückbeschichtung mit Kupfer und Zink durch die von der Hilfsentladung erhitzten Edelstahlhülse um ca. 30% verringert wird.

Mit dem Zünden des anodischen Plasmas sinkt die Brennspannung ab. Die Höhe der Spannung, die sich dabei einstellt, ist vom Verdampfungsmaterial, der Anordnung und dem Abstand der Elektroden abhängig (vgl. Kapitel 2). Sobald die Spannung nicht mehr schwankt, kann von einem stabilen Plasma ausgegangen werden und der Beschichtungsvorgang wird durch öffnen des Shutters über der Verdampfungsquelle gestartet. In der Kammer ist dann ein intensives Leuchten des Plasmas zu sehen, das der Farbe der Hauptspektrallinien des Verdampfungsmaterials entspricht.

Mit dem Schwingquarz wurde die Aufwachsrate geregelt. Die Temperatur der Substratoberfläche wurde ständig gemessen. Nach Erreichen einer bestimmten Schichtdicke wurde der Shutter geschlossen und der Strom abgeschaltet. Ein Teil des sich vor der Kathode befindenden Metalldampfes kondensiert auf dem Glas- bzw. Keramikzylinder und sorgt für eine leitfähige Schicht zur erneuten Zündung einer Hilfsentladung.

Nach der Abkühlung des Tiegels wurde die Kammer belüftet und die Substrate entnommen.

Inhalt dieser Arbeit ist erstmalig die Untersuchung von Eigenschaften von Metalloxidschichten, die mit dem anodischen Vakuumbogen abgeschieden wurden. In erster Linie sollen dabei die Eigenschaften Haftfestigkeit der abgeschiedenen Schicht auf Kunststoffen und deren Verschleißverhalten betrachtet werden. Da es sich bei den in dieser Arbeit abgeschiedenen Metalloxidschichten um hoch transparente Schichten handelt, sollen die Schichten hauptsächlich auf transparenten Polycarbonatplatten abgeschieden werden. Technische Anwendungen aus dem Bereich der Optik sollen dabei im Vordergrund stehen.

Um Metaloxidschichten abzuscheiden, muß das anodische Arc-Verfahren reaktiv betrieben werden. Dies soll durch geeignete Wahl der Reaktivgaszuführung, der Tiegelmaterialien und der Beschichtungsparameter erfolgen. Eine Optimierung der Haftfestigkeit des Schicht-Substrat-Verbundes und des Verschleißverhaltens des gesamten Systems, soll durch eine geeignete Vorbehandlung und durch eine Variation der Beschichtungsparameter erfolgen. Zur Vorbehandlung soll die Plasmamodifikation im GHz-Bereich (Mikrowelle) für den Werkstoff Polycarbonat optimiert werden.

Dazu wurde zum einen die Abhängigkeit der Haftfestigkeit der abgeschiedenen Metalloxidschichten von

- der Plasmaoberflächenmodifikation,
- der Ionenenergie an der Substratoberfläche (Variation der Biasspannung),
- dem Schichtmaterial und
- der Schichtdicke

untersucht. Zum anderen wurde die Abhängigkeit optischer Eigenschaften (Transmission, Absorption und Streulichtanteil in der Transmission) und das Verschleißverhalten (Zunahme des Streulichtanteils in der Transmission) von den Parametern

- Ionenenergie an der Substratoberfläche (Variation der Biasspannung),
- Schichtmaterial und
- Haftfestigkeit

untersucht.

Mit steigendem Partialdruck des Reaktivgases sinkt die Abscheiderate, bedingt durch die zunehmende Anzahl an Stößen zwischen den Teilchen auf dem Weg von der Verdampfungsquelle zum Substrat (die mittlere freie Weglänge $\bar{l}$ nimmt ab, vgl. Kapitel 3). Dadurch sinkt die Ionenenergie an der Substratoberfläche. Die Folge ist, daß schlechter haftende poröse Schichten abgeschieden werden. Es wurde deshalb in dieser Arbeit untersucht, wieweit sich der Sauerstoffpartialdruck für die einzelnen Metalloxidschichten senken läßt, ohne Einbußen in der optischen Qualität (Transmission und Streulichtanteil) der abgeschiedenen Schichten hinnehmen zu müssen.

5.3 Schicht-, Verdampfungs- und Tiegelmaterialien

In Tabelle 5.2 sind die physikalischen Eigenschaften von Verdampfungsmaterialien wiedergegeben, mit denen sich transparente Schichten herstellen lassen. Unabhängig vom Verdampfungsmaterial, muß die Verdampfung auch bei der Verwendung von oxidischen Ausgangsmaterialien reaktiv in einer Sauerstoffatmosphäre geschehen.

Als wichtiges Kriterium für die Verdampfbarkeit mit dem anodischen Arc hat sich die Temperatur herausgestellt, bei der das entsprechende Material einen ausreichend hohen Dampfdruck besitzt. Die reaktiven Beschichtungen fanden bei einem Druck um 1 Pa statt. Liegt die Temperatur der Schmelze bei einem Dampfdruck von 1 Pa niedrig, läßt sich ein Material gut verdampfen (Al, Sn). Ist diese Temperatur hoch, ist keine Verdampfung oder nur mit sehr geringer Rate möglich (Si, SiO_2). Dies hängt zusätzlich noch vom Material des Tiegels ab. Wird ein Keramiktiegel (TiB_2, AlN, BN) verwendet, der sich über 1600°C unter Abgabe von Stickstoff zersetzt, muß die Temperatur bei einem Dampfdruck von ca. 1 Pa niedriger sein als die Zersetzungstemperatur des Tiegels. Dies ist beispielsweise bei Aluminium und Silizium der Fall. Die Temperatur bei einem Dampfdruck von 1 Pa ist für Aluminium 1140°C, für Silizium 1630°C. Aluminium läßt sich folglich sehr gut verdampfen, Silizium dagegen nicht. In den Versuchen hat sich dies bestätigt.

Verdampfungs-/Tiegelmaterial	Schmelz-temperatur [°C]	Verdampfungstemperatur [°C] bei einem Dampfdruck von		Besonderheit
		10^5 Pa	1 Pa	
Al	660	2500	1140	
Al_2O_3	2046	2980	2050	
Si	1410	2477	1630	
SiO	1705	1880	1080	Sublimation
SiO_2	1713	2230	2000	
Sn	232	2500	1220	
SnO_2	1127	1850	570	
Mg	600	650	300	Sublimation
Mischkeramik			1600	Zersetzung
Mo	2610	5560	2490	
W	3370	5900	3200	

Tab. 5.2: Physikalische Eigenschaften der Verdampfungs- bzw. Tiegelmaterialien

Wichtige physikalische Eigenschaften der in dieser Arbeit abgeschiedenen Metalloxidschichten können der Tabelle 5.3 entnommen werden.

		Al_2O_3	SiO_2	SnO_2	MgO
Dichte	$g \cdot cm^{-3}$	3,98	2,2	6,95	3,77
Schmelztemperatur	°C	2046	1713	1127	2827/2640
Farbe		farblos	farblos	farbl./gelb	farblos
Verdampfungstemp. (10^5Pa)	°C	2980	2230	1850	3600
Brechzahl		1,76/1,63	1,46	2	1,74
Härte	HV	2100	1650		750
E-Modul	GPa	360 ... 400	72		209/320
therm. Ausd.koeff.	$10^{-6} \cdot K^{-1}$	7,2 ... 8,6	7,8 ... 13,7		13,8
therm. Leitfähigkeit	$W \cdot m^{-1} \cdot K^{-1}$	25 ... 36	12		36

Tab. 5.3: Physikalische Eigenschaften von Metall - Sauerstoffverbindungen

5.4 Parameter der zur Charakterisierung der Schicht- bzw. der Oberflächeneigenschaften eingesetzten Verfahren

5.4.1 Kontaktwinkelmessung

Die Kontaktwinkelmessungen werden mit einem selbstgebauten Meßgerät durchgeführt. Das Meßmikroskop besitzt eine 20-fache Vergrößerung und ermöglicht das Messen des Kontaktwinkels mittels eines Winkelmeßokulars (Teilungsgenauigkeit 20'). Die Genauigkeit beim Bestimmen des Kontaktwinkels beträgt ca. 1°. Die Messungen werden am fortschreitenden Tropfen vorgenommen und als Prüfflüssigkeit wird destilliertes Wasser (Oberflächenspannung $72{,}8 \cdot 10^{-3}$ N/m bei T = 20°C) verwendet. Für eine zuverlässige Mittelwertsbildung der gemessenen Kontaktwinkel werden je Probe mindestens 3 Messungen durchgeführt.

5.4.2 Stirnabzug

In dieser Arbeit wird der in Kapitel 2.3.1.1 dargestellte Stirnabzugsversuch zur Ermittlung der Haftfestigkeit der aufgebrachten Schichten verwendet. Die Haftfestigkeit H ergibt sich aus dem Quotienten der gemessenen maximalen Kraft F und der Kontaktfläche A (vgl. Kapitel 2.3.1.1). Die zur Versuchsdurchführung verwendete Vorrichtung ist schematisch in Abb. 2.14 im zweiten Kapitel dargestellt.

Für die Durchführung des Stirnabzugsversuchs wird die Universalzugprüfmaschine Modell 1445 der Firma Zwick verwendet. Wichtige Einflußgrößen auf das Versuchsergebnis sind die Abzugsgeschwindigkeit und die Größe der Kontaktfläche der Zugstifte, für die in Vorversuchen geeignete Werte ermittelt wurden.

In der vorliegenden Arbeit werden Zugstifte mit einer Kontaktfläche von 21,2 mm² (Aluminium, Durchmesser 5,2 mm) verwendet. Durch die große Kontaktfläche wird sichergestellt, daß die Randeinflüsse praktisch vernachlässigt werden können. Gleichzeitig wird dadurch das exakte Ausrichten und senkrechte Abziehen der Zugstifte erleichtert und damit eine geringere Streuung der Meßwerte erreicht. Die Zugstifte werden mit einer speziell ausgewählten, 250 µm starken, Epoxidfolie (Scotchweld AF 163- 2 K) der Firma 3M Deutschland GmbH auf die beschichteten Substrate aufgeklebt. Die Epoxidfolie wird bei einer Temperatur von T = 80°C für eine Zeit t > 12 h in einem Ofen ausgehärtet. Um gleichbleibende Klebstoffmengen zu gewährleisten und eine Meßwertbeeinflussung durch über den Zugstiftrand hinausfließenden Klebstoff auszuschließen, wurden definierte Kreisflächen der Folie ausgestanzt. Die Größe der ausgestanzten Klebstoffolie wurde in Vorversuchen so ermittelt, daß sie nach dem Aushärten genau die Zugstiftfläche bedeckt. Die maximal auf diese Weise ermittelbare Haftfestigkeit ist durch die Zugfestigkeit des verwendeten Klebstoffes festgelegt. Für die verwendete Epoxidfolie beträgt die Zugfestigkeit ca. 40 N/mm².

Das Meßergebnis für die Haftfestigkeit bei niedrigen Abzugsgeschwindigkeiten 0,1 mm/min < v < 1 mm/min bleibt konstant und steigt erst mit Abzugsgeschwindigkeiten v > 2 mm/min an [Mann 94]. Die Haftfestigkeitsmessungen in dieser Arbeit wurden deshalb mit einer Abzugsgeschwindigkeit von v = 0,5 mm/min durchgeführt.

5.4.3 Gitterschnittest

Bei diesem Verfahren wird in die Schicht ein bis in das Substrat reichendes Gitternetz bestehend aus 25 quadratischen Zellen eingeschnitten (vgl. Spalte 3 in Tab. 2.5). Der Schneidvorgang für unterschiedliche Flächen wird ausführlich in der DIN 53 151 beschrieben. Innerhalb dieser Arbeit wurde ein Mehrfachschneidegerät und ein handelsübliches Klebeband der Firma Beiersdorf AG Hamburg verwandt. Nach DIN 53 151 erfolgt die Beurteilung des Ergebnisses anhand des prozentualen Anteils der abgelösten Schichtfläche. Mittels einer Tabelle, die in sechs Stufen unterteilt ist, werden sie einzelnen Haftfestigkeitsklassen zugeordnet (vgl. Tab. 2.5 im zweiten Kapitel). Die in dieser Arbeit abgeschiedenen Schichten waren allerdings so haftfest, daß nur in seltenen Ausnahmefällen (immer bedingt durch Prozeßstörungen) eine Haftfestigkeit, die dem Gitterschnittkennwert Gt 0 entspricht (vgl. Tab. 2.5), nicht erreicht werden konnte.

Für genauere Untersuchungen der Haftfestigkeit wurde deshalb im weiteren nur das Stirnabzugverfahren (vgl. Kapitel 5.4.2) angewandt.

5.4.4 Sandrieseltest

Der Sandrieseltest wurde mit einem selbstgebauten Versuchsaufbau (vgl. Abb. 2.15) nach DIN 52 348 durchgeführt. Zur Durchführung des Versuchs wurden 3 kg Quarzsand der Kornklasse 0,5/0,71 mm mit der Qualität P 0,5/0,7 durch das Fallrohr auf die Prüffläche gerieselt. Durch die Auslaufdüse und zwei im Fallrohr eingebauten Siebe wird der Sandstrahl gleichmäßig aufgefächert. Die Proben wurden auf einem Drehteller befestigt, dessen Drehachse um 45° gegenüber der Fallrichtung geneigt ist. Die Drehzahl des Drehtellers beträgt hierbei 250 min^{-1} ± 10 min^{-1}. Der Verschleiß der Prüffläche wurde anhand der Streulichtzunahme des transmittierten Lichts ermittelt (vgl. Kap. 2.3.4).

Genaue Angaben zu den Abmessungen der Vorrichtung können der DIN 52 348 entnommen werden.

5.4.5 Reibradverfahren

Das Reibradverfahren wurde nach DIN 52 347 durchgeführt. Dazu wurden ebene quadratische Proben mit einer Kantenlänge von 100 mm beschichtet. Die Probe wurde dann entsprechend der DIN 52 347 auf dem Drehteller des Verschleiß-Prüfgerätes liegend, durch zwei sich in entgegengesetzter Richtung drehenden Reibräder auf Gleitverschleiß beansprucht. Entsprechend DIN 52 347 – 500 – G – A wurden dabei die der nachfolgenden Tabelle zu entnehmenden Parameter eingestellt.

Anzahl der Umdrehungen des Drehtellers	500
Kraft, die jedes Reibrad auf die zu prüfende Oberfläche ausübt	5,4 N (G)
Art der Versuchsanordnug für die Bestimmung des Streulichtes	DIN 5036 Teil 3 (A)

Tabelle 5.4: Parameter beim Reibradverfahren (DIN 52 347 – 500 – G – A)

Das Prinzip des Reibradverfahrens ist in Abbildung 2.16 im zweiten Kapitel dargestellt. Genaue Angaben zu den Abmessungen der Vorrichtung und zur Versuchsdurchführung können der DIN 52 347 entnommen werden.

5.4.6 Streulichtmessungen

Bei der Streulichtmessung mit der Ulbrichtkugel im Transmissionsverfahren wird der gestreute Lichtanteil von einer Probe gemessen. Die Meßanordnung ist schematisch in Abb. 2.17 dargestellt.

Vor dem Messen von Proben muß die Meßanordnung mit Hilfe eines Weißstandards kalibriert werden. Hierzu wird je ein Weißstandard ($BaSO_4$) am Referenzort und am Ort wo der Probenstrahl die Ulbrichtkugel verläßt angebracht. Auf diese Weise wird mit dem Photomultiplier die Baseline der Meßanordnung ermittelt.

Bei der Streulichtmessung wird der Weißstandard aus dem Probenstrahlengang entfernt und die Probe am Eintrittsfenster plananliegend angebracht. Der Probenstrahl durchdringt die Probe und wird von ihr gestreut. Der direkt transmittierte Lichtanteil T_d des Probenstrahls (8°) verläßt am Austrittsfenster wieder die Ulbrichtkugel. Somit wird von Photomultiplier nur der gestreute Lichtanteil detektiert. Dieser Streulichtanteil ist ein Maß für die Rauhigkeit der Probenoberfläche und wird in Prozent angegeben. Der untersuchte Meßbereich liegt zwischen 250 nm und 850 nm und deckt somit den Bereich der Hellempfindlichkeit des Auges ab (VIS).

Genaue Angaben zu den Abmessungen der Vorrichtung und zur Versuchsdurchführung können der DIN 5036 Teil 3 entnommen werden.

5.4.7 Rasterelektronenmikroskopie (REM)

Die REM-Aufnahmen werden an einem Gerät des Typs Stereoscan 360 der Firma Cambridge Instruments erstellt. Dieses ermöglicht Aufnahmen bis zu einer 300000-fachen Vergrößerung (Auflösung 1152 x 1536 Pixel). Die Beschleunigungsspannung kann von 0,2 bis 40 kV variiert werden. Der Probenstrom beträgt hierbei zwischen $1 \cdot 10^{-6}$ und $1 \cdot 10^{-15}$ A. Die Proben können in der auf $p = 4 \cdot 10^{-4}$ Pa evakuierten Vakuumkammer des Rasterelektronenmikroskops in X, Y und Z Richtung bewegt sowie gegenüber dem Elektronenstrahl geneigt und gedreht werden. Elektrisch nichtleitende Oberflächen (nicht beschichtetes oder mit einem Metalloxid beschichtetes Kunststoffsubstrat) werden mit einer Goldschicht von ca. 15 nm besputtert, um eine elektrische Aufladung durch den Elektonenbeschuß zu vermeiden. Zur Dokumentation werden Rollfilmaufnahmen angefertigt.

6 Ergebnisse der Versuche

6.1 Plasmamodifikation

Eine wäßrige Vorbehandlung der Polycarbonatsubstrate war nicht erforderlich. Wie in Kap. 5.1 ausgeführt, waren die Rohlinge beidseitig mit einer abziehbaren dünnen Folie versehen. Voruntersuchungen ergaben, daß keine, die Eigenschaften des Systems negativ beeinflußende Rückstände, auf der Oberfläche der Substrate nach Abziehen der Folie zu finden waren. Da sämtliche Proben aus einer Platte ausgeschnitten wurden, ist gewährleistet, daß die Oberflächen sämtlicher Proben nach Abzug der Schutzfolie identische Eigenschaften besitzen.

Gegenstand der Versuche zur Plasmamodifikation war es die Haftfestigkeit der abgeschiedenen Schichten zu maximieren. Vorversuche haben einen eindeutigen Zusammenhang zwischen dem polaren Anteil der Oberflächenspannung und der Haftfestigkeit der abgeschiedenen Metallschichten ergeben. Es wurde deshalb untersucht ob und wie weit dieser Zusammenhang auch für Metalloxidschichten zutrifft. Als Maß für den polaren Anteil der Oberflächenenergie wird in den folgenden Ausführungen der Kontaktwinkel einer polaren Flüssigkeit an der Polymeroberfläche herangezogen.

6.1.1 Einfluß der Plasmamodifikation auf den Kontaktwinkel

Mit zunehmender Leistung der eingekoppelten Erregerfrequenz steigt die Energie der im Plasma erzeugten Ionen und Elektronen und der Ionisierungsgrad des Plasmas. Dies erhöht die Wahrscheinlichkeit von chemischen Reaktionen an der Substratoberfläche. Daher ist eine Abhängigkeit des gemessenen Kontaktwinkels von der eingekoppelten Erregerleistung zu erwarten.

6.1.1.1 Einfluß der Leistungsdichte und der Ätzgaszusammensetzung

Im folgenden wurde bei einer Ätzzeit von 30 Sekunden die Leistungsdichte zwischen 0 W/dm^3 und 50 W/dm^3 für vier unterschiedliche Gaszusammensetzungen (100% O_2 im folgenden mit A bezeichnet, 90% O_2 + 10% CF_4 im folgenden mit B bezeichnet, 80% O_2 + 20% CF_4 im folgenden mit C bezeichnet und 70% O_2 + 30% CF_4 im folgenden mit D bezeichnet) variiert. Bereits bei einer Ätzleistungsdichte von 10 W/dm^3 ist eine deutliche Abnahme des gemessenen Kontaktwinkels von einem Ausgangswinkel der unbehandelten Probe von 78,9°, zu beobachten. Dies gilt für alle betrachteten Gaszusammensetzungen. Eine Steigerung der Leistungsdichte zwischen 10 W/dm^3 und 30 W/dm^3 beeinflußt den Kontaktwinkel nur noch wenig (vgl. Abb. 6.1 und 6.2). Allerdings werden mit zunehmender Ätzleistungsdichte immer kleinere Kontaktwinkel erzielt. Die Unterschiede sind jedoch relativ gering. Gegenüber der ungeätzten Probe verringert sich der Kontaktwinkel bei einer Ätzleistungsdichte von

10 W/dm³ von ca. 80° auf ca. 30°. Eine Zunahme der Ätzleistungsdichte von 10 W/dm³ auf 30 W/dm³ ergibt nur noch eine Kontaktwinkelverringerung von 6 bis 11°. Dies steht in Übereinstimmung mit Versuchsergebnissen, die für andere Kunststofftypen ermittelt wurden. Gleichzeitig steigt mit zunehmender Ätzleistungsdichte auch die thermische Belastung der Kunststoffe beim Plasmaätzen. Je nach Kunststofftyp kann dies bei entsprechend langer Behandlung zu einer Zerstörung des Kunststoffsubstrats führen. Es kommt zu Aufschmelzungen an der Oberfläche (vgl. Kapitel 6.1.2). Im Falle von Polycarbonat steigt der Kontaktwinkel oberhalb 30 W/dm³ dann sogar wieder leicht an.

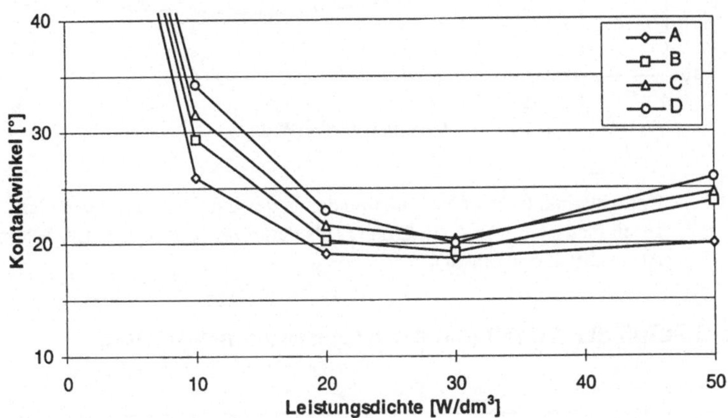

Abb. 6.1: Kontaktwinkelverlauf als Funktion der Ätzleistungsdichte mit den Gaszusammensetzungen A, B, C und D als Parameter (Ätzzeit t = 30 s; Ätzgasdruck p = 1 mbar)

Im Vergleich zur Abbildung 6.1 wurde in der nachfolgenden Abbildung 6.2 die Ätzzeit von 30 auf 120 Sekunden erhöht. Der Verlauf der Kurven ändert sich nur wenig. Es hat sich herausgestellt, daß bei eine Leistungsdichte von 30 W/dm³ und einer Ätzdauer von 120 Sekunden mit der Ätzgaszusammensetzung A (100% O_2) der niedrigste erzielbare Kontaktwinkel von 15,6 ° gemessen wurde. Versuche mit Leistungsdichte in der näheren Umgebung von 30 W/dm³, bei sonst gleichen Parametern bestätigen dies.

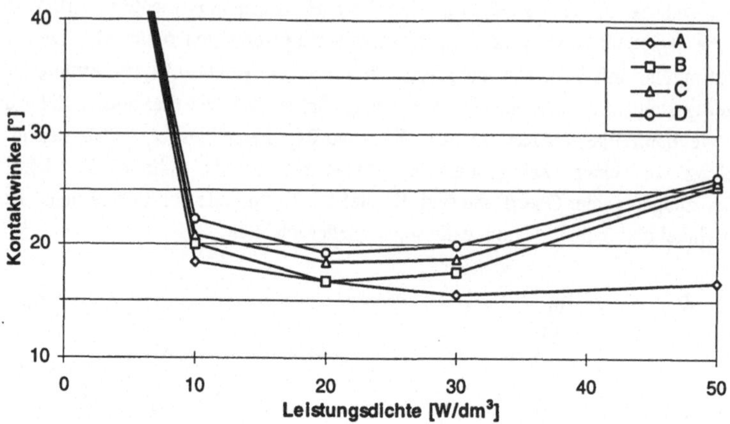

Abb. 6.2: Kontaktwinkelverlauf als Funktion der Ätzleistungsdichte mit den Gaszusammensetzungen A, B, C und D als Parameter (Ätzzeit t = 120 Sekunden; Ätzgasdruck p = 1 mbar)

6.1.1.2 Einfluß der Ätzzeit und der Ätzgaszusammensetzung

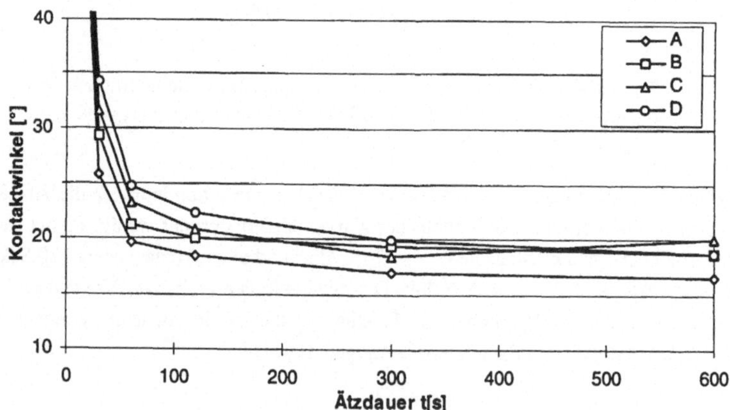

Abb. 6.3: Kontaktwinkelverlauf als Funktion der Ätzdauer mit den Gaszusammensetzungen A, B, C und D als Parameter (Leistungsdichte P = 10 W/dm³; Ätzgasdruck p = 1 mbar)

Bei den verwendeten Polycarbonatproben findet die größte Veränderung des Kontaktwinkels in den ersten 30 Sekunden der Plasmabehandlung statt. Bei längeren Behandlungszeiten können nur noch geringfügige Veränderungen des Kontaktwinkels beobachtet werden, wie in den Abbildungen 6.3, 6.4 und 6.5 gut zu erkennen ist. Innerhalb der ersten 30 Sekunden verringert sich der Kontaktwinkel von einem Anfangswert von 78,9° der unbehandelten Probe auf Werte um die 30 °. Bei längeren Ätzzeiten verringert sich der Kontaktwinkel nur noch geringfügig.

Maßgeblich für die Verringerung des Kontaktwinkels gegenüber der aufgetragenen polaren Flüssigkeit ist, daß das Plasma auf die Polymeroberfläche stark oxidierend wirkt und den polaren Anteil der freien Oberflächenenergie erhöht und gleichzeitig den nicht-polaren Anteil verringert. Aus einer Betrachtung der Abbildungen 6.3 bis 6.5 ist ersichtlich das schon nach kurzer Zeit eine Sättigung des polaren Anteils der Oberflächenenergie eintritt. Längere Behandlungszeiten ergeben dann nur noch geringfügige bis keine Veränderungen an der Oberfläche bezüglich der Polarität.

Aus den Abbildungen 6.4 und 6.5 ist aber auch zu erkennen, daß mit zunehmender Leistungsdichte und zunehmenden Ätzzeiten der Kontaktwinkel wieder leicht ansteigt. Dieses Phänomen ist bei einer Vielzahl von Polymeroberflächen zu beobachten. Zwei mögliche Ursachen könnten dies erklären. Zum Einen wird die thermische Belastung der Substrate mit steigender Leistungsdichte und längerer Behandlungsdauer zunehmen, was zu einer höheren Oberflächentemperatur führt. Dadurch verschiebt sich offensichtlich das Verhältnis von polarem und nicht-polarem Anteil. Vorversuche haben gezeigt, daß diese Verschiebung auch nach längerem Kontakt der modifizierten Polymeroberfläche an der Atmosphäre auftritt. Diese Verschiebung und die daraus resultierende Kontaktwinkelzunahme ist allerdings kunststoffabhängig. Zum Anderen kommt es wenn die Oberflächentemperatur groß ist zur Zersetzung des Polymers. Bedingt durch diese Zersetzung steigt der Kontaktwinkel wieder an. Bei dem in dieser Arbeit verwendete Polycarbonat tritt dies bei Temperaturen über 145°C auf. Eine Rauhigkeitszunahme der Oberfläche durch andauernden Ionenbeschuß scheint eine weitere Ursache für die Kontaktwinkelzunahme zu sein (vgl. Kapitel 6.1.2).

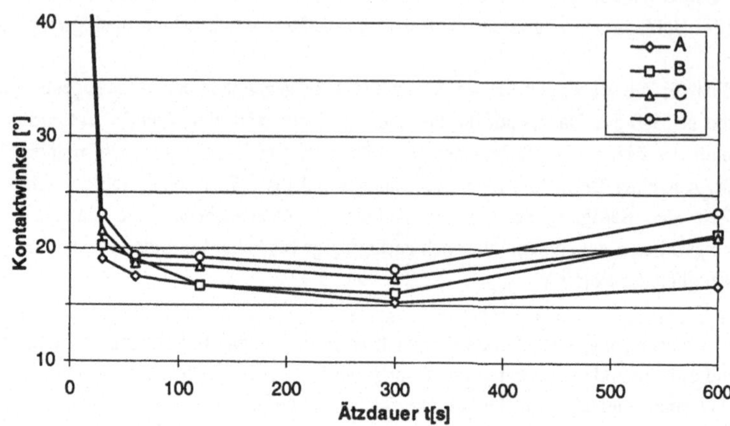

Abb. 6.4: Kontaktwinkelverlauf als Funktion der Ätzdauer mit den Gaszusammensetzungen A, B, C und D als Parameter (Leistungsdichte P = 20 W/dm³; Ätzgasdruck p = 1 mbar)

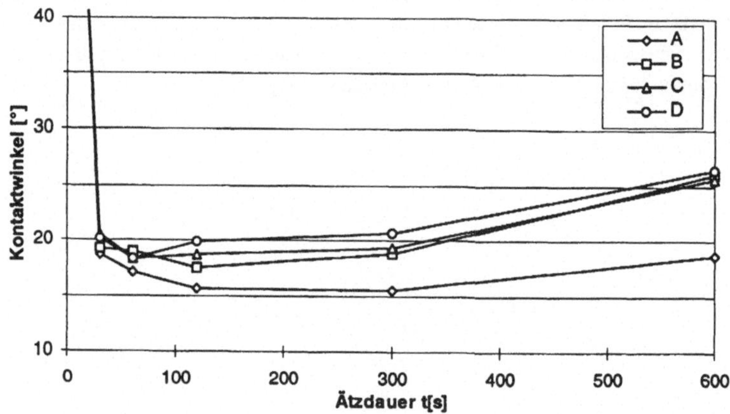

Abb. 6.5: Kontaktwinkelverlauf als Funktion der Ätzdauer mit den Gaszusammensetzungen A, B, C und D als Parameter (Leistungsdichte P = 30 W/dm³; Ätzgasdruck p = 1 mbar)

Durch Variation des Ätzgases wird nur eine geringfügige Veränderung des Kontaktwinkels erzielt. Nach 300 Sekunden Ätzdauer ist bei dem Ätzgas Sauerstoff ein Wiederanstieg des Kontaktwinkels festzustellen (vgl. Abb. 6.6). Dieser Effekt tritt bei Ätzgasgemischen mit einem CF_4-Anteil teilweise auch schon nach 120 Sekunden ein (vgl. Abb. 6.7 bis 6.9). Es ist daher in den meisten Fällen nicht sinnvoll, die Plasmabehandlung zur Oberflächenmodifikation länger als 2 Minuten durchzuführen, da mit zunehmender Ätzzeit auch die Temperatur des Substrates steigt und dabei die Gefahr besteht, daß die Struktur des Kunststoffe geschädigt wird. So sind bei Ätzgasgemischen mit CF_4-Anteil bei Ätzzeiten über 300 Sekunden schon teilweise starke Zerstörungen der Oberfläche zu erkennen (vgl. Kapitel 6.1.2). Diese Ergebnisse stimmen mit den bisher gesammelten Erfahrungen überein und bestätigen die Vorauswahl der Parameter bei der Plasmabehandlung der Kunststoffoberfläche.

6.1.1.3 Einfluß der Ätzzeit und der Leistungsdichte

In Abb. 6.6 sieht man sehr deutlich die Veränderung des Kontaktwinkels mit zunehmender Ätzdauer und Ätzleistungsdichte einer Ätzreihe für das Ätzgas Sauerstoff. Die größte Verringerung tritt innerhalb der ersten 30 Sekunden auf. Bei Ätzzeiten über 300 s ist ein Wiederanstieg des Kontaktwinkels zu beobachten.

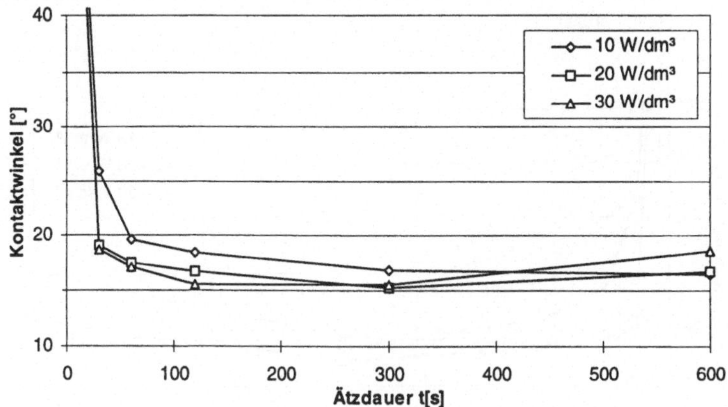

Abb. 6.6: Verlauf des Kontaktwinkels als Funktion der Ätzdauer mit der Leistungsdichte als Parameter (Ätzgaszusammensetzung: 100% O_2; Ätzgasdruck p = 1 mbar)

Der Einfluß der Ätzleistungsdichte auf den Kontaktwinkel ist nur bei sehr kurzen Ätzzeiten deutlich zu erkennen. Bei längeren Ätzzeiten nähern sich die Kurven an (vgl. Abb. 6.6 - 6.9). Verantwortlich für die Abnahme des Kontaktwinkels ist die Abnahme des polaren Anteil an der Oberflächenenergie. Schon nach kurzer Modifikationsdauer tritt eine Sättigung an der

Oberfläche auf. Dies könnte den abnehmenden Einfluß der Leistungsdichten auf den Kontaktwinkel mit zunehmender Ätzzeit erklären.

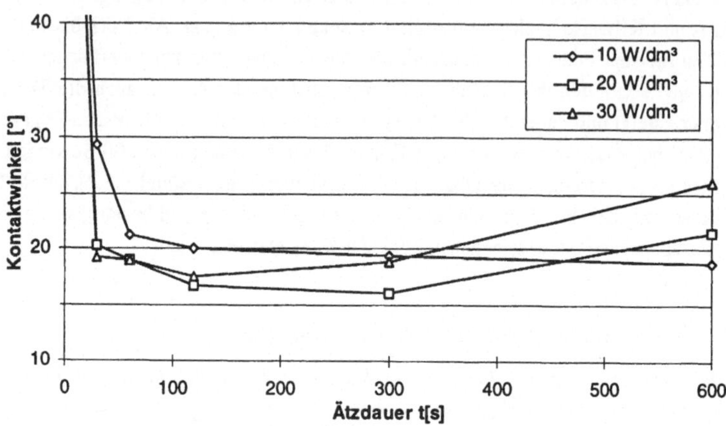

Abb. 6.7: Verlauf des Kontaktwinkels als Funktion der Ätzdauer mit der Leistungsdichte als Parameter (Ätzgaszusammensetzung: 90% O_2 + 10% CF_4; Ätzgasdruck p = 1 mbar)

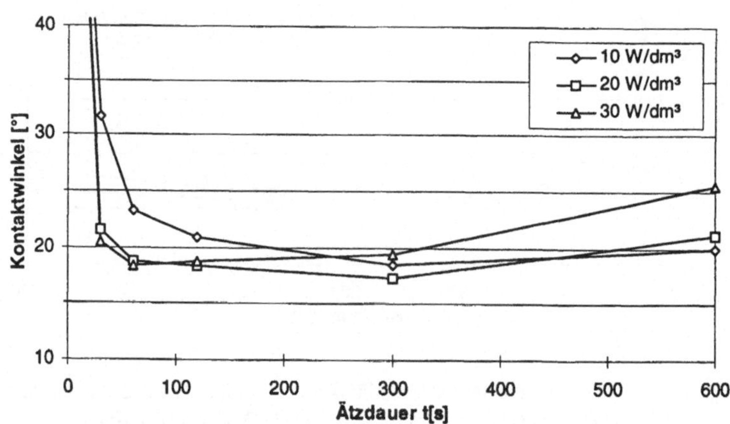

Abb. 6.8: Verlauf des Kontaktwinkels als Funktion der Ätzdauer mit der Leistungsdichte als Parameter (Ätzgaszusammensetzung: 80% O_2 + 20% CF_4; Ätzgasdruck p = 1 mbar)

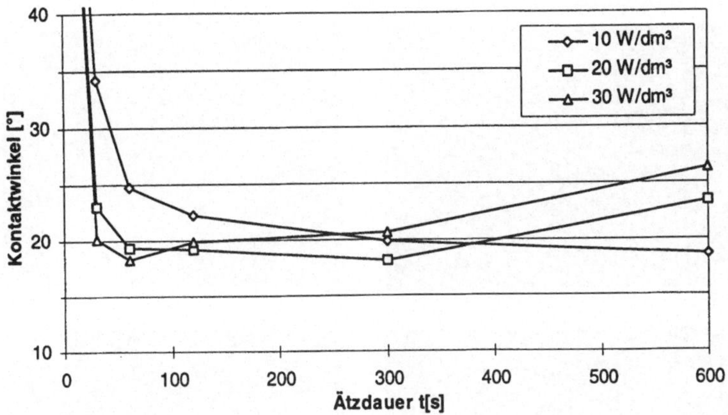

Abb. 6.9: Verlauf des Kontaktwinkels als Funktion der Ätzdauer mit der Leistungsdichte als Parameter (Ätzgaszusammensetzung: 70% O_2 + 30% CF_4; Ätzgasdruck p = 1 mbar)

6.1.2 Einfluß der Plasmamodifikation auf die Oberflächenstruktur

Aus Kapitel 6.1.1 ist ein deutlicher Einfluß der Plasmaparameter während der Modifikation auf den Kontaktwinkel zu beobachten. Im folgenden soll der Einfluß der Plasmaparameter auf die Oberflächenstruktur der Substrate untersucht werden. Dabei wurde, um das Parameterfeld einzuschränken, auf eine Variation des Prozeßgases verzichtet und nur die Modifikationsdauer und Modifikationsintensität innerhalb des zuvor beschriebenen Parameteraumes variiert. Sämtliche Plasmamodifikation wurden in einer reinen Sauerstoffatmosphäre durchgeführt.

6.1.2.1 Einfluß der Ätzdauer und der Leistungsdichte

In Abb. 6.10 ist der Einfluß der Ätzdauer auf die Oberflächenstruktur der Polycarbonatproben dargestellt. Wie deutlich zu erkennen ist nimmt die Strukturierung der Oberfläche mit zunehmender Ätzdauer zu. Bis zu einer Ätzdauer von t = 120 s ist nur eine geringe Veränderung der Oberflächenstruktur zu beobachten. Bei Ätzzeiten von t = 300 s bzw. t = 600 s ist eine starke Aufrauhung der Oberfläche zu erkennen.

Im Gegensatz zu den Kontaktwinkelmessungen wird der Einfluß der Plasmabehandlung erst nach einer längeren Ätzdauer sichtbar. Die größten Veränderungen treten bei Ätzzeiten von t = 300 s auf, wohingegen der Kontaktwinkel innerhalb der ersten 30 Sekunden der Plasmabehandlung seine größte Veränderung durchläuft.

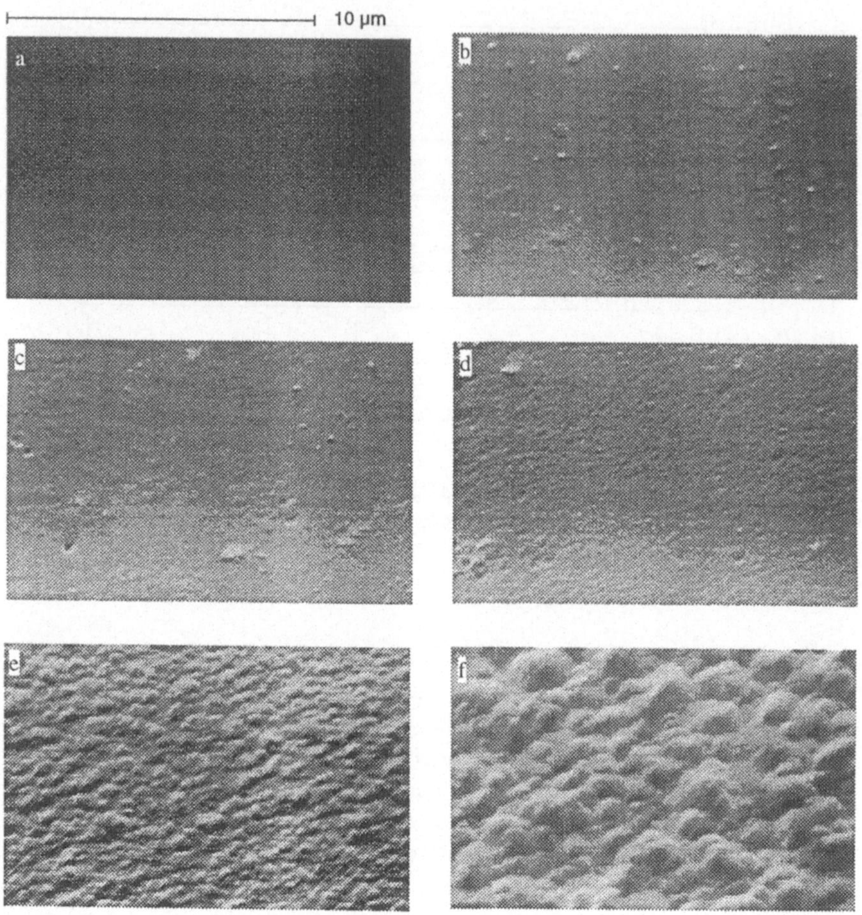

Abb. 6.10: Einfluß der Ätzdauer auf die Oberflächenstruktur (Ätzgaszusammensetzung: 100% O_2, P = 30 W/dm^3, Ätzdauer: a) unbehandelt, b) t = 30 s, c) t = 60 s, d) t = 120 s, e) t = 300 s, f) t = 600 s)

6.1.2.2 Einfluß der Leistungsdichte und der Ätzgasmischung

Wie aus Abb. 6.10 ersichtlich ist, tritt der Einfluß der Ätzparameter erst bei langen Ätzzeiten deutlich zutage. Der Einfluß der Ätzleistungsdichte wurde daher bei langen Ätzzeiten ermittelt. In Abb. 6.11 ist für eine Ätzdauer von t = 600 s in einer reinen Sauertsoffatmosphäre die Substratoberfläche für unterschiedliche Ätzleistungsdichten abgebildet. In den drei Bildern sieht man sehr schön die deutliche Zunahme der Strukturierung mit zunehmender Leistung.

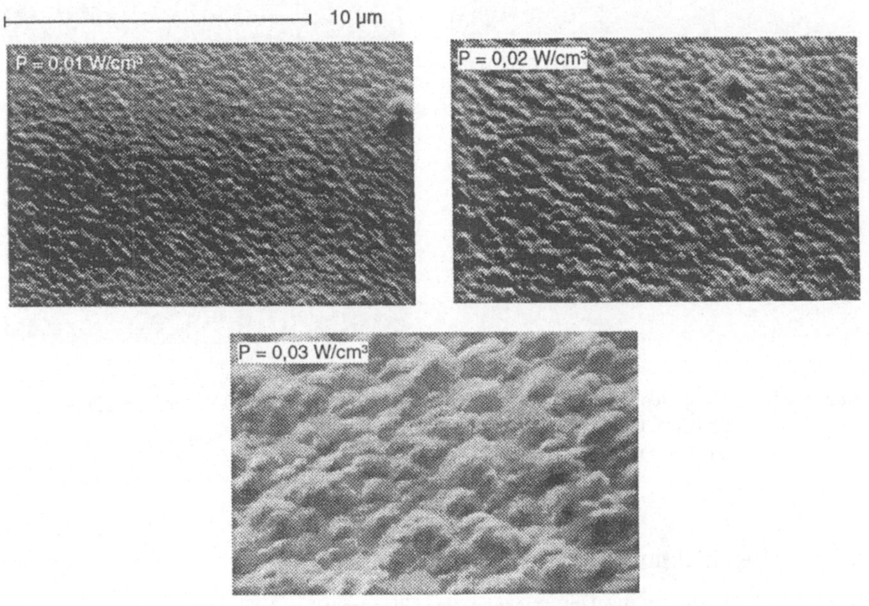

Abb. 6.11: Einfluß der Ätzleistung auf die Oberflächenstruktur mit der Leistung als Parameter (Ätzgaszusammensetung: 100% O_2, Ätzdauer t = 600 s)

In Abb. 6.12 ist ein Vergleich der verschiedenen Ätzgasmischungen dargestellt. Wie aus dem Bild ersichtlich ist weist die Oberfläche nach der Behandlung in reinem Sauerstoffplasma (Abb. 6.12/a) die feinste Oberflächenstruktur auf. Die mit CF_4-haltigen Ätzgasmischungen modifizierten Oberflächen erzeugen etwas gröbere Oberflächenstrukturen (vgl. Abbildung 6.12/b - d).

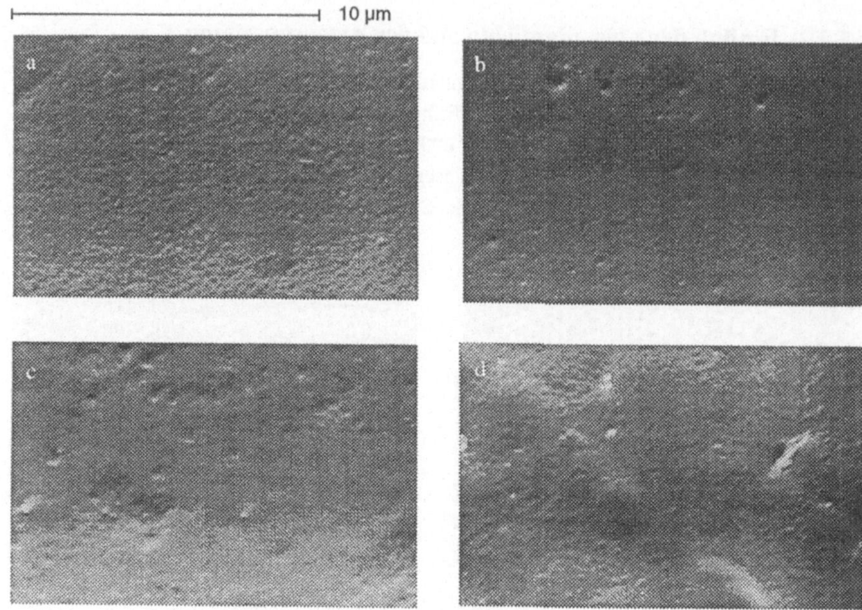

Abb. 6.12: Vergleich der verschiedenen Ätzgasmischungen (P = 20 W/dm³, t = 120 s; a) 100% O_2; b) 90% O_2 + 10% CF_4; c) 80% O_2 + 20% CF_4; d) 70% O_2 + 30% CF_4

6.2 Beschichtung

Inhalt dieser Arbeit ist die Untersuchung von Eigenschaften von Metalloxidschichten, die erstmalig mit dem anodischen Vakuumbogen abgeschieden wurden. In erster Linie sollen dabei die Eigenschaften Haftfestigkeit der abgeschiedenen Schicht auf Kunststoffen und deren Verschleißverhalten betrachtet werden. Da es sich bei den in dieser Arbeit abgeschiedenen Metalloxidschichten um hoch transparente Schichten handelt, sollen die Schichten hauptsächlich auf transparenten Polycarbonatplatten abgeschieden werden. Technische Anwendungen aus dem Bereich der Optik sollen dabei im Vordergrund stehen. Im folgenden werden zunächst die Randbedingungen, die sich beim reaktiven Beschichten mit dem anodischen Vakuumbogen vorgestellt. Danach erst werden die Schichten bezüglich ihrer Eigenschaften untersucht.

6.2.1 Abscheidung von SiO_X-Schichten

Auf den Polycarbonatsubstraten wurden transparente und verschleißfeste SiO_x-Schichten abgeschieden. Als Ausgangsmaterialien stehen reines Silizium (Si), Siliziummonoxid (SiO) bzw. Siliziumdioxid (SiO_2) zur Verfügung.

Für die Verdampfung wichtige Kenngrößen wie Schmelztemperatur und Verdampfungstemperatur für unterschiedliche Drücke können der Tabelle 6.1 entnommen werden.

Verdampfungs-material	Schmelz-temperatur [°C]	Temperatur [°C] bei einem Dampfdruck von 10^{-2} mbar	10^{-1} mbar	Bemerkungen
Si	1410	1630	1830	
SiO	1705	1080	1180	sublimiert, Zersetzung in Si und O_2 beginnt bei T > 1250°C
SiO_2	1713	2000	2200	

Tabelle 6.1: Schmelzpunkte und Dampfdrücke von Silizium und Siliziumoxiden

Verdampfen von reinem Silizium (Si)
Bei der Verwendung von reinem Silizium als Ausgangsmaterial betrug die Brennspannung, (bei der gegebenen Anordnung, vgl. Kapitel 4) ca. 21 Volt, wobei der anodische Bogen einen Strom von ca. 50 A trägt.

Beim Verdampfen bilden der Tiegelwerkstoff Wolfram und das Silizium eine Legierung. Dies führt dazu, daß der Tiegel sehr spröde wird und so nur eine sehr kurze Lebensdauer besitzt. Für eine wirtschaftliche Prozeßführung scheidet somit Wolfram als Tiegelmaterial aus.
Setzt man einen Mischkeramiktiegel, bestehend aus Aluminiumnitrid (AlN), Bornitrid (BN) und Titandiborid (TiB_2) ein, die beim Bedampfen von Aluminium verwendet werden, so steht man vor folgendem Problem: Die Mischkeramik beginnt sich bereits bei ca. 1600°C unter Freigabe von Stickstoff zu zersetzen und verursacht somit einen Druckanstieg in der Kammer wodurch die Kondensationsrate sehr stark abnimmt. Um aber ausreichend hohe Beschichtungsraten zu erzielen muß Silizium über 1600°C erhitzt werden (vgl. Tabelle 6.1). Des weiteren wird die Qualität der abgeschiedenen Schichten durch den erhöhten Stickstoffpartialdruck negativ beeinflußt.

Verdampfen von Siliziumdioxid (SiO_2)
Siliziumdioxid als Ausgangsmaterial bietet den Vorteil, daß Silizium bereits in oxydierter Form vorliegt. Wie aus Tabelle 1 ersichtlich ist, besitzt SiO_2 eine sehr hohe Schmelztemperatur und erreicht erst bei einer Temperatur von 2200°C einen Dampfdruck von 10^{-1} mbar. Die durchgeführten Versuche zeigten, daß sich Siliziumdioxid nur sehr schwer verdampfen läßt. Als Ausgangsmaterial wurde Siliziumdioxid in kristalliner Form und reiner Quarzsand

verwendet. Bei beiden Materialien sind sehr hohe anodische Bogenströme von bis zu 150 A notwendig. Dies führt jedoch zu einer sehr starken thermischen Beanspruchung des Tiegels, der zum Teil thermisch zerstört wurde. Strahlungsbedingt ergibt sich eine große thermische Beanspruchung des Substratmaterials. Die Folge davon ist, daß keine ausreichenden Schichtdicken erzielt werden konnten, ohne das Substrat zu zerstören.

Verdampfen von Siliziummonoxid (SiO)
Siliziummonoxid besitzt mit $T_S = 1705°C$ wie SiO_2 einen sehr hohen Schmelzpunkt. Wesentlich niedriger ist jedoch die Temperatur bei der Siliziummonoxid einen Dampfdruck von 10^{-2} mbar besitzt (1080°C). Siliziummonoxid eignet sich von den drei Ausgangsstoffen am besten zum Verdampfen. Das Verdampfen erfolgt in einer reinen Sauerstoffatmosphäre bei unterschiedlichen Sauerstoffpartialdrücken. Die Transparenz der abgeschiedenen Schichten nimmt mit zunehmenden Sauerstoffpartialdruck zu. Gleichzeitig verändert sich die Farbe der Schicht. Bei niedrigem Sauerstoffpartialdruck entstehen dunkelbraune Schichten, die nur eine geringe Transparenz aufweisen. Mit steigendem Sauerstoffgehalt werden die Schichten zunehmend transparent. Bei Sauerstoffpartialdrücken zwischen 0,5 Pa und 5 Pa konnten die besten Ergebnisse erzielt werden. Die Schichten sind absolut transparent und weisen keine sichtbare Verfärbung auf.

Mit steigendem Prozeßdruck nimmt jedoch die Beschichtungsrate deutlich ab. Es scheint wenig empfehlenswert bei Prozeßdrücken von über 1 Pa zu arbeiten. Ein Sauerstoffpartialdruck von 1 Pa gewährleistet vollkommen transparente Schichten bei noch akzeptablen Beschichtungsraten.

Die maximal erreichbare Verdampfungsrate betrug 6 nm/s. Das SiO lag dabei in einer Kombination von Pulver und Granulat vor. Ursache für diese relativ niedrige Rate ist die schlechte thermische Ankopplung an den Tiegel. Während des Verdampfungsvorgangs bleibt das SiO in Granulatform, es sublimiert, d. h. es geht aus dem festen Zustand direkt in die Dampfphase über und es entsteht keine Schmelze. Verwendet man nur pulverförmiges SiO, verdampft als erstes die unterste Lage mit dem besten thermischen Kontakt zum Tiegel. Dies geschieht schlagartig und reißt das oben aufliegende Pulver mit. In der Kammer ist dann ein intensiver Funkenflug zu beobachten. Die so erhaltene Schicht ist mit SiO verschmutzt und wegen dem fehlenden Verdampfungsmaterial im Tiegel nur wenige nm dick. Bei ausschließlicher Verwendung grober Granulatstücke (Korngröße 8-16 mm) ohne pulverförmiges SiO liegt die maximal erreichbare Verdampfungsrate bei ca. 4 nm/s.

Eine weitere unangenehme Eigenschaft, die nur beim Verdampfen von Siliziummonoxid auftritt, ist der störende Einfluß auf die Kathode. Nach einer Beschichtung, sowohl reaktiv als auch mit reinem SiO, ist die Zündung des kathodischen Hilfsbogens nur schwierig möglich. Die Rückbeschichtung des Glaszylinders ist gestört und es fließt aufgrund schlechten elektrischen Kontaktes kein Strom. Erst durch Verdrehen der Kathodendurchführung bei eingeschalteter Stromversorgung kann der elektrische Kontakt stellenweise soweit verbessert werden, daß ein genügend hoher Strom zur Zündung des kathodische Bogens fließt. Die nachfolgende Beschichtung verläuft ansonsten ohne Störung. Ursache hierfür ist vermutlich die Vergiftung des Targets und des Glaszylinders mit Siliziummonoxid.

Zusammenfassend kann festgehalten werden, daß sich SiO_2 in Granulatform und reines Silizium nur sehr schwer mit dem anodischen Arc verdampfen lassen. Das entstehende Plasma war instabil und die Verdampfungsrate gering (nur ca. 1 nm/s). Der Wolframtiegel geht mit Silizium eine chemische Verbindung ein und versprödet. Der ersatzweise benutzte Keramiktiegel hat die Neigung bei höheren Strömen selbst zu zünden und sich zu zersetzen, wenn vorher nicht genügend Silizium zur Zündung eines Plasmas verdampft wird. Die besten Erfolge wurden mit SiO (Kombination von Pulver und Granulat) bei reaktiver Verdampfung in einer Sauerstoffatmosphäre mit einem Wolframtiegel erzielt.

In der nachfolgenden Abb. 6.12 ist eine SiO_X-Schicht auf zwei verschiedenen Substraten dargestellt. Die Risse bei der Probe A rühren vom Brechen des Substrats.

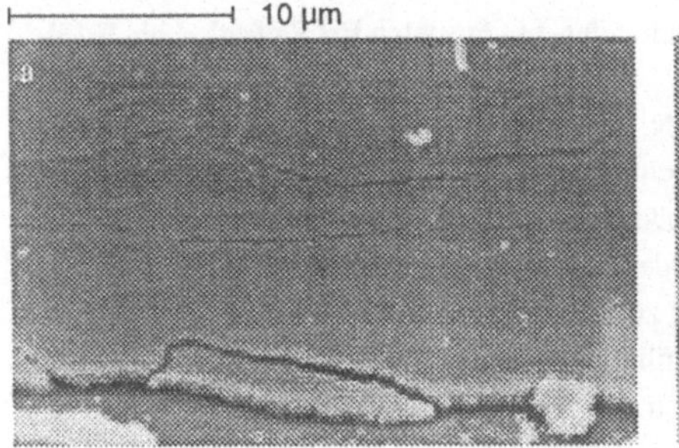

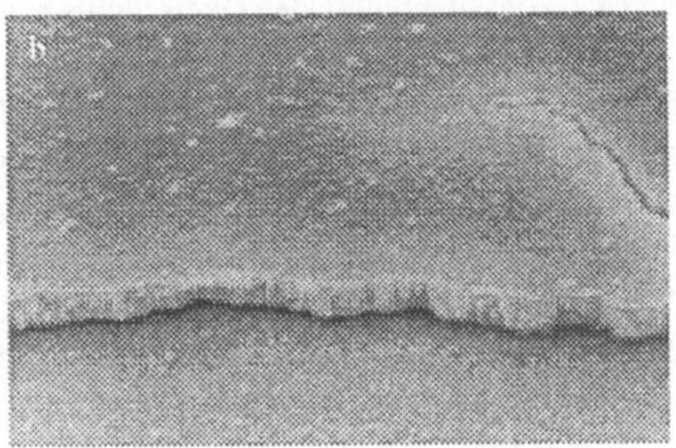

Abb. 6.12: SiO_2 -Schicht, Schichtdicke 0,6 µm, a) Polycarbonatsubstrat und b) Glassubstrat

Versuchsparameter bei der Abscheidung von SiO_2-Schichten

Die optimalen Parameter zur Abscheidung transparenter SiO_2-Schichten ergaben sich für Bogenströme zwischen 50 A und 65 A. Der zugehörige Sauerstofffluß mußte dabei während der Beschichtung von ca. 180 sccm auf ca. 120 sccm reduziert werden um einen Druckanstieg zu vermeiden. Die Anfangsrate bewegte sich dabei zwischen 4 nm/s und 6 nm/s und sank im Verlauf der Beschichtung auf 2 nm/s bis 3 nm/s. Die daraus resultierende maximale Schichtdicke ergab sich zu ca. 1,8 µm.

6.2.2 Abscheidung von AlO_X-Schichten

Zur Abscheidung von AlO_X-Schichten wurde Aluminium in Form zerkleinerter Drahtstücke aus Reinstaluminium zunächst aus einem Wolframtiegel verdampft. Die Zugabe des zur Reaktion notwendigen Sauerstoffs erfolgte über einen ringförmigen Gaseinlaß zwischen Tiegel und Substrat. Über ein Steuergerät wurden dabei konstante Werte des zugeführten Sauerstoffmassenstromes eingestellt. Der Druck, der sich bei der Reaktion des Aluminiumplasmas mit dem Sauerstoff einstellt, beträgt 1-2 Pa. Wird mehr Sauerstoff zugeführt, als durch die Reaktion verbraucht und durch das Pumpensystem gefördert wird, beginnt der Druck in der Kammer anzusteigen. Die Folge davon sind schlecht haftende milchig trübe Schichten mit rauher Oberfläche. Bei einem Druckanstieg muß folglich die Sauerstoffzufuhr reduziert oder die Verdampfungsrate durch Erhöhen des Stromes gesteigert werden.

Aluminium hat die Eigenschaft mit Wolfram zu reagieren. Nach etwa 5 Beschichtungen ist ein Wolframtiegel so weit verbraucht, daß er ersetzt werden muß. Deshalb wurde ein im Handel erhältlicher Tiegel aus Keramik verwendet. Dieser Tiegel ist konzipiert für das thermische Verdampfen (vgl. Kapitel 2) und mußte für das Betreiben mit dem anodischen Arc modifiziert werden. Der stark dimensionierte Einspannsteg leitete zu viel Wärme ab und mußte demzufolge reduziert werden. Ansonsten bildete sich eine dicke weiße Kruste auf dem Tiegel, was bedeutet, daß die Oxidation direkt am Tiegel stattfindet. Eine Verringerung des Querschnitts auf ca. $^1/_4$ des ursprünglichen Querschnitts brachte den gewünschten Erfolg (vgl. Abb. 6.13).

Dieser Tiegelwerkstoff, eine Mischung aus BN, AlN mit TiB_2 als elektrisch leitfähige Komponente, wird von Aluminium benetzt. Die Schmelze breitet sich über der gesamten Tiegeloberfläche aus. Damit hat man eine relativ große Verdampfungsfläche und entsprechend hohe Verdampfungsraten. Ist der Tiegel zu Beginn der Beschichtung zu voll, tropft überschüssiges Aluminium ab und erzeugt so Spritzer, die bis zum Substrat gelangen. Bedingt durch die größere Wärmekapazität dieses Tiegels ist die Aufheizzeit bis zur Zündung des anodischen Plasmas deutlich länger als bei der Verwendung von einem Wolfram- oder Molybdäntiegel.

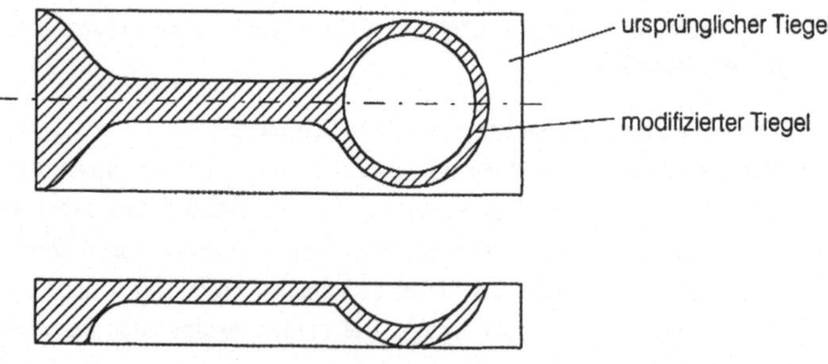

Abb. 6.13: Skizze des bearbeiteten Keramiktiegels

Versuchsparameter bei der Abscheidung von AlO_X-Schichten

Hier wurden die besten Ergebnisse bei anodischen Bogenströmen zwischen 45 und 60 A und einer Brennspannung zwischen 17 und 18 V, bei einem Sauerstoffpartialdruck von 1 Pa (entspricht einem Sauerstofffluß von ca. 500 sccm) erzielt. Im Gegensatz zu den anderen Verdampfungsmaterialien (SiO, Sn und Mg) ist beim reaktiven Verdampfen von Aluminium keine Korrektur des Sauerstoffflusses nötig. Der Prozeß kann also leicht mit konstantem Fluß gefahren werden. Die Aufwachsrate schwankt dabei lediglich um maximal 2%. In Abhängigkeit von der Höhe des Gesamtstromes lag die Rate zwischen 8 nm/s und 12 nm/s. Die maximal erreichbare Schichtdicke betrug ca. 3 µm. In Abbildung 6.14 ist eine 1,4 µm dicke AlO_x-Schicht auf Glas dargestellt. Der Riß in der Schicht ist durch das Brechen des Objekträgers entstanden.

Die tief violette Plasmafarbe des Aluminiums änderte sich nach Einleitung des Sauerstoffs in einen türkis-bläulichen Farbton.

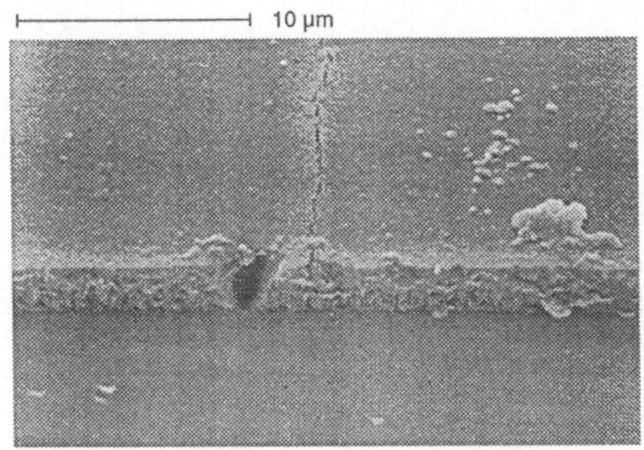

Abb. 6.14: AlO_x auf Glas, Schichtdicke: 1,4 µm

Abbildung 6.15 zeigt anteilsmäßig, wie sich die Anzahl der Aluminiumatome zur Anzahl der Sauerstoffatome in Abhängigkeit vom Sauerstofffluß verhält. Die stöchiometrische Zusammensetzung für transparente Schichten wird hierbei bei einem Fluß von 350 sccm erreicht. Für Flüsse größer oder gleich 325 sccm besitzen die abgeschiedenen Schichten eine Transmission größer als 90%. Untersuchung der IR-Absorptionsspektren zeigten mit zunehmendem Sauerstoffgehalt einen kristallinen Aufbau der Schichten. Des weiteren wird die verfahrensbedingte Verunreinigung der abgeschiedenen Schicht mit Zink Atomen dargestellt. Dabei liegt der Anteil der Zink Atome unter 1%. Diese Verunreinigung beeinflußt die optische Eigenschaften des Systems aus zwei Gründen nicht merklich. Erstens sind Verunreinigungen unter 1% im Transmissionsverhalten nur schwer zu erkennen, und zweitens reagiert Zink selbst mit Sauerstoff und bildet seinerseits eine transparente Komponente. Kupfer konnte in den abgeschiedenen Schichten nicht nachgewiesen werden.

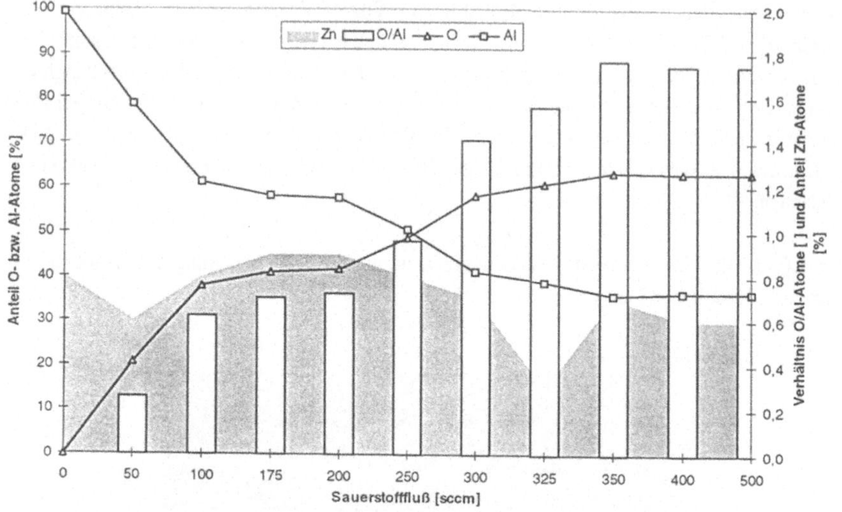

Abb. 6.15: Stöchiometrie der Schicht in Abhängigkeit vom Sauerstofffluß und verfahrensbedingte Verunreinigung durch Zink-Atome

6.2.3 Abscheidung von SnO_X-Schichten

Ausgangsmaterial für die Zinnoxidschichten ist drahtförmiges Zinnlot. Dieses läßt sich ohne Schwierigkeiten mit einer guten Abscheiderate aus einem Wolframtiegel verdampfen. Die Zinnschmelze benetzt den Tiegel sehr gut und hat somit einen guten thermischen Kontakt. Eine Benetzung des Tiegels auf der Unterseite, wie es bei Aluminium der Fall ist, findet nicht statt. Grundsätzlich erscheinen die SnO_X-Schichten mit einer orangebraunen Farbe und es müssen deshalb Abstriche im Bezug auf die Transparenz gemacht werden.

Ein auffälliges Merkmal ist die starke Beschichtung der Kathodenhülse mit Zinnoxid während des Prozesses. Dabei verkleinert sich der Querschnitt der Kathodenöffnung, was das Austreten des Elektronenstrahls behindert. Dies hat zur Folge, daß mit zunehmender Verschmutzung die Abscheiderate zurückgeht. Eine häufigere Reinigung der Kathodenhülse ist dadurch erforderlich.

Versuchsparameter bei der Abscheidung von SnO_X-Schichten

Die Zinnoxidschichten wurden bei anodischen Bogenströmen zwischen 40 A und 50 A und einer Brennspannung zwischen 16 und 17 V abgeschieden. Bezüglich des Sauerstoffflusses zeigte sich hier eine sehr starke Empfindlichkeit. Abweichungen vom optimalen Fluß um nur 10 sccm führten zu starken Druckänderungen in der Kammer mit den bereits erwähnten negativen Folgen. Hier ist eine besonders strenge Überwachung des Druckes erforderlich, d.h. der Prozeß muß im Gegensatz zur AlO_X-Beschichtung anstelle mit einem konstanten Sauerstofffluß mit einem konstanten Gesamtdruck gefahren werden. Der von der Verdampfungsrate abhängige Sauerstoffbedarf lag zwischen 270 sccm und 420 sccm. Bei Verdampfungsraten zwischen 7 nm/s und 11 nm/s betrug die maximal erreichbare Schichtdicke ca. 3,5 µm.

Abbildung 6.16 zeigt eine 2,8 µm dicke SnO_X-Schicht auf Polycarbonat. Die Risse in der Schicht sind typisch für Zinnoxidschichten und treten immer dann auf, wenn Schichtdicken über 1,3 µm bei hohen Raten gefahren werden.

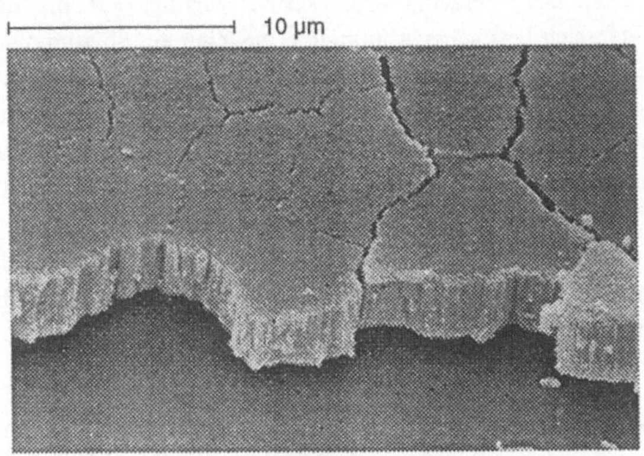

Abb. 6.16: SnO_X auf Polycarbonat, Schichtdicke 2,8 µm

6.2.4 Abscheidung von MgO_X-Schichten

Zur Abscheidung von MgO_X-Schichten wurde reines Magnesium in Form eines ca. 4 mm breiten und 0,1 mm dicken Bandes in einem Wolframtiegel verdampft. Ähnlich wie beim Siliziummonoxid nähert sich der Schmelzpunkt dem Siedepunkt bei niedrigen Drücken stark an (vgl. Tabelle 5.2), d.h. Magnesium sublimiert bei den für die Beschichtung maßgeblichen Drücken. Die Folge davon ist, daß stärker noch wie beim Siliziummonoxid, das Verdampfungsgut aus dem Tiegel geschleudert wird und für die Beschichtung folglich nicht mehr zur Verfügung steht. Versuche mit einem geschlossenen Molybdäntiegel der im Deckel mit kleinen Löchern versehen war verhinderten das Herausschleudern von Magnesium, die Verdampfungsraten waren allerdings deutlich geringer. Die abgeschiedenen Schichten sind erst bei hohen Sauerstoffpartialdrücken klar sonst leicht bräunlich.

Versuchsparameter bei der Abscheidung von MgO_X-Schichten
Die Magnesiumoxidschichten wurden bei anodischen Bogenströmen zwischen 35 A und 50 A und einer Brennspannung zwischen 19 und 20 V abgeschieden. Die besten Ergebnisse bezüglich der Transparenz wurden bei Sauerstoffflüssen zwischen 500 und 550 sccm erzielt. Mit dem Wolframtiegel konnten Kondensationsraten bis 15 nm/s realisisert werden, wobei bedingt durch das Herausschleudern von Magnesium die maximal erreichbare Schichtdicke bei ca. 1 µm lag. Schichtdicken bis zu 2 µm konnten mit dem geschlossenen Molybdäntiegel bei Abscheideraten von ca. 5 nm/s erzielt werden.

6.2.5 Zusammenstellung der Versuchsparameter

Zum Vergleich der verschiedenen Schichtsysteme sind in der Tabelle 6.2 sämtliche Prozeßparameter aufgelistet. Für den industriellen Einsatz ist primär eine hohe Aufwachsrate und eine leichte Handhabbarkeit des Verdampfungsmaterials wichtig. Für die hier untersuchten Schichtsysteme bieten sich besonders Aluminium und Zinn an, Siliziummonoxid ist, wegen der niedrigen Aufwachsrate und besonders wegen der aufwendigen Handhabung, weniger geeignet. Das nur als Schüttgut vorliegende Material ist dem Verdampfungstiegel wesentlich schwieriger zuzuführen, eine einmalige Tiegelfüllung genügt in der Regel nicht. Diesen Punkten kommt noch die damit verbundene schwierigere Prozeßführung hinzu.

Die in Drahtform vorliegenden Metalle lassen sich in dieser Hinsicht deutlich besser handhaben. Der Nachschub an verbrauchtem Verdampfungsmaterial über eine regelbare Drahtzufuhr ist industrieller Anwendungsstandard.

Schicht-system	Bogenstrom [A]	Sauerstoff-fluß [sccm]	Bogen-spannung [V]	Aufwachs-rate [nm/s]	Plasma-farbe	maximale Schichtdicke [µm]
SiO_X	50-65	120-180	20-22	4 - 6	hellgelb	1,8
AlO_X	45-60	450-550	17-18	8 - 12	blau-türkis	3
SnO_X	40-50	270-420	16-17	7 - 11	orange	3,5
MgO_X	35-50	500-550	19-20	5 - 15	grün	2

Tabelle 6.2: Vergleich der Prozeßparameter

6.3 Einfluß der Plasmamodifikation auf die Haftfestigkeit

In Kapitel 6.1 wurde der Einfluß der Plasmamodifikation auf den Kontaktwinkel und die Oberflächenstruktur dargestellt. In den folgenden Kapiteln soll der Einfluß der Plasmamodifikation auf die Haftfestigkeit der abgeschiedenen Schichten dargestellt werden. Sämtliche im folgenden untersuchten Schichten wurden, um die Ergebnisse vergleichbar zu machen mit einer Kondensationsrate von etwa 4 nm/s ohne überlagerte Biasspannung abgeschieden. Die Schichtdicke betrug bei allen Schichten 600 nm.

6.3.1 Einfluß der Ätzdauer und der Ätzleistungsdichte

Sowohl die Ätzdauer als auch die Ätzleistungsdichte beeinflussen die Polarität und die Struktur der Polymeroberfläche erheblich. Daher ist auch ein Einfluß dieser beiden Parameter auf die Haftfestigkeit der abgeschiedenen Schichten zu erwarten.

Der Einfluß der Ätzdauer mit der Ätzleistung als Parameter auf die Haftfestigkeit einer 600 nm dicken SiO_x-Schicht ist in Abb. 6.17 dargestellt. Die Haftfestigkeit der Schicht kann von ca. 5,8 N/mm^2 bei der unbehandelten Probe auf 12 N/mm^2 gesteigert werden. Dies entspricht einer Verdoppelung der Haftfestigkeit.

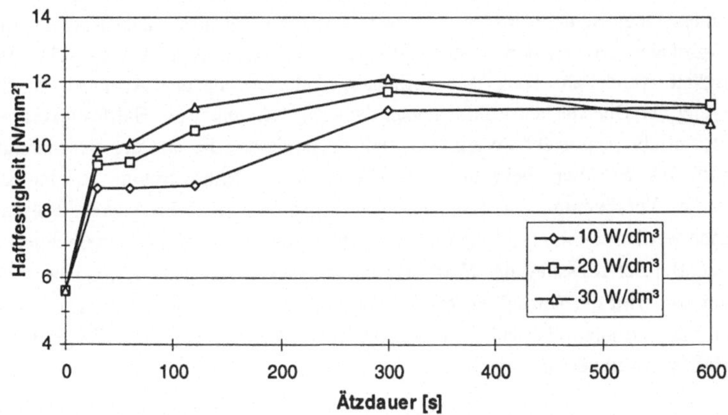

Abb. 6.17: Einfluß der Ätzdauer auf die Haftfestigkeit einer SiO_X-Schicht auf einer Polycarbonatprobe (Parameter der Probenvorbehandlung: Ätzgas 100% O_2; Ätzgasdruck 1 mbar)

In der Abbildung 6.18 werden die unterschiedlichen Metalloxidschichten miteinander verglichen. Die Leistungsdichte betrug hier 30 W/dm^3.

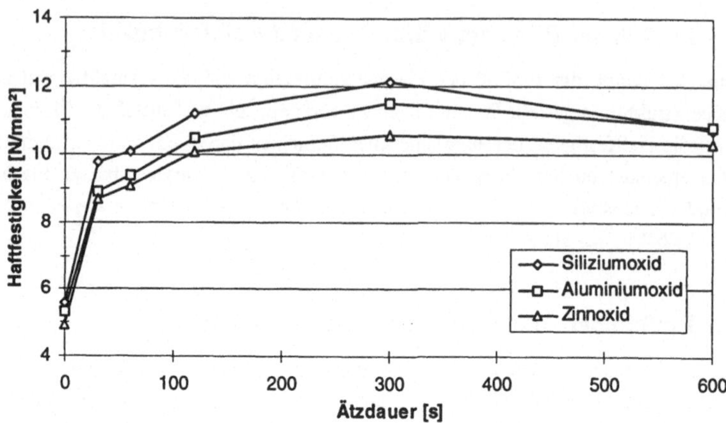

Abb. 6.18: Einfluß der Ätzdauer auf die Haftfestigkeit von Metalloxidschichten auf einer Polycarbonatprobe (Parameter der Probenvorbehandlung: Ätzgas 100% O_2; Ätzgasdruck 1 mbar)

Der größte Anstieg der Haftfestigkeit (ca. 3 - 4 N/mm²) ist wie beim Kontaktwinkel innerhalb der ersten 30 Sekunden der Plasmabehandlung zu beobachten. Dies gilt für alle in dieser Arbeit untersuchten Schichtsysteme (vgl. Abb. 6.18). Im Gegensatz zum Kontaktwinkel der sich bei größeren Ätzzeiten nur noch geringfügig verändert (vgl. Kapitel 6.1), steigt die Haftfestigkeit weiter an. Dies läßt vermuten, daß die mit der Ätzdauer zunehmende Veränderung der Oberflächenstruktur neben dem Kontaktwinkel die Haftfestigkeit ebenfalls positiv beeinflußt. Das steht im Einklang mit Ergebnissen, die aus der Beschichtung von Polymeren mit Metallen bekannt sind. Die erzeugte Mikrostruktur scheint als eine mechanische Verankerung zu fungieren. Die ursprünglich sehr glatten Polycarbonatoberflächen werden durch die Plasmamikrostrukturierung in einem nicht unerheblichem Maß vergrößert. Bei der Messung der Haftfestigkeit mit dem im zweiten Kapitel beschriebenen Stirnabzugtest, wird die Abzugkraft auf die abgezogene makroskopische Fläche bezogen. Es ist deshalb zu vermuten, daß außer der mechanischen Verankerung auch die größere Fläche für die Haftfestigkeit verantwortlich ist.

Bemerkenswert ist der Zusammenhang zwischen der Ätzdauer einerseits und der Ätzleistungsdichte auf die Haftfestigkeit andererseits. Aus einer Betrachtung der Ergebnisse in diesem Kapitel kann auf eine Substituierbarkeit dieser beider Parameter bis zu einem gewissen Grade geschlossen werden. So kann eine Haftfestigkeit einer SiO_X-Schicht von ca. 10 N/mm^2 durch eine Plasmamodifikation entweder mit einer Dauer von 60 Sekunden und einer Leistungsdichte von 30 W/dm^3, oder mit einer Dauer von ca. 80 Sekunden und einer Leistung von 20 W/dm^3, oder aber mit einer Dauer von ca. 200 Sekunden und einer Leistungsdichte von 10 $/dm^3$ erzielt werden.

6.3.2 Einfluß der Ätzleistungsdichte und der Ätzgasmischung

Analog zu Kontaktwinkel und Oberflächenstruktur ist auch bei der Haftfestigkeit ein Einfluß der Ätzleistungsdichte und der Ätzgasmischung zu erkennen. In Abb. 6.19 sind die gemessenen Haftfestigkeitswerte einer 700 nm dicken SiO_X-Schicht für vier verschiedene Ätzgasgemische (A ... 100% O_2; B ... 90% O_2 + 10% CF_4; C ... 80% O_2 + 20% CF_4; D ... 70% O_2 + 30% CF_4) und für drei unterschiedliche Ätzleistungsdichten dargestellt. Die Ätzdauer betrug dabei jeweils 120 Sekunden, da, wie in den vorangegangenen Kapiteln dargelegt, eine längere Modifikationsdauer nur noch geringfügige Veränderungen mit sich bringt. Die Abhängigkeiten, wie sie in Abb. 6.19 zum Ausdruck kommen, sind vom Verlauf her auch gültig für die anderen in dieser Arbeit betrachteten Metalloxidschichten. Auf eine Darstellung wird deshalb verzichtet.

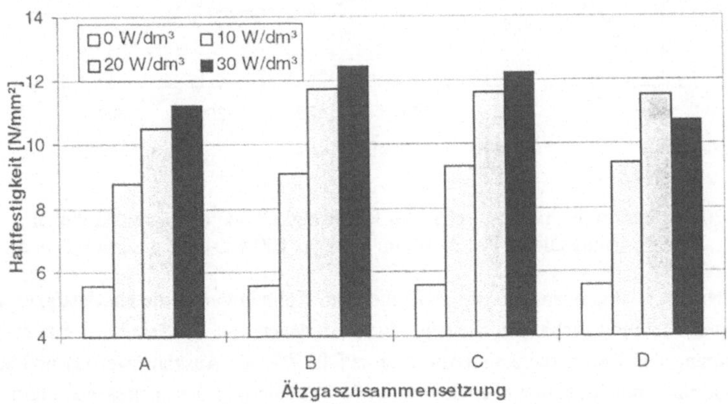

Abb. 6.19: Einfluß der Ätzdauer und des Ätzgasgemisches auf die Haftfestigkeit des Systems SiO_X/Polycarbonat (Parameter der Probenvorbehandlung: Ätzdauer t = 120 s; Ätzgasdruck p = 1 mbar)

6.3.3 Zusammenhang zwischen dem Kontaktwinkel und der Haftfestigkeit

In Kapitel 6.1.1 wurde der Einfluß der Plasmamodifikation auf den Kontaktwinkel (Benetzbarkeit) und in Kapitel 6.1.2 der Einfluß der Plasmamodifikation auf die Haftfestigkeit von verschiedenen Metalloxid-Schichten dargestellt. Im folgenden wird die Abhängigkeit der Haftfestigkeit der abgeschiedenen Schicht vom gemessenen polaren Anteil der Oberflächenenergie, beschrieben durch den Kontaktwinkel, dargestellt. Das Polycarbonatsubstrat wurde dabei in einer Sauerstoffatmosphäre mit einer Leistungsdichte von 30 W/dm^3 modifiziert.

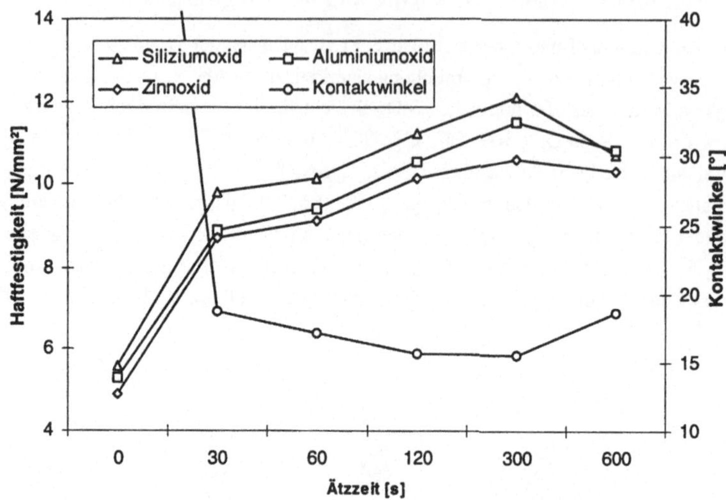

Abb. 6.20: Zusammenhang zwischen der Haftfestigkeit und dem Kontaktwinkel (Leistungsdichte P = 30 W/dm³; Ätzgas 100% O_2; Ätzgasdruck 1 mbar)

Es ist deutlich zu erkennen, daß mit abnehmendem Kontaktwinkel die Haftfestigkeit der aufgebrachten Metalloxidschichten ansteigt. Eine Ätzdauer von 30 Sekunden hat eine große Veränderung des Kontaktwinkels (Abnahme auf 23,7% des Ausgangswertes) und wie man aus Abb. 6.20 entnehmen kann, auch eine große Veränderung der gemessenen Haftfestigkeit (Zunahme bezogen auf den Ausgangswert von 175% für SiO_X, 168% für AlO_X und 177% für SnO_X) zur Folge. Zwischen 30 und 60 Sekunden und zwischen 60 und 120 nimmt der Kontaktwinkel jeweils um ca. 8,5% ab. Die Haftfestigkeitssteigerung beträgt für das erste Intervall 3,1% SiO_X, 5,6% für AlO_X und 4,6% für SnO_X. Im zweiten Intervall nimmt der Gradient der Haftfestigkeit allerdings wieder zu. So ergibt sich in diesem Intervall für SiO_X eine Zunahme um ca. 11%, für AlO_X um ca. 12% und für SnO_X um 11%. Diese im Vergleich zur Kontaktwinkelabnahme überproportionale Zunahme der Haftfestigkeit ist vermutlich auf die sich ausbildende Mikrostruktur auf der Polycarbonatoberfläche für Ätzzeiten größer als 30 Sekunden bei einer Leistung von 30 W/dm³ zurückzuführen. Erst bei Ätzzeiten zwischen 300 und 600 Sekunden (für 30 W/dm³) nimmt die Haftfestigkeit wieder ab. Dies ist vermutlich auf die zunehmende Zersetzung der Polymeroberfläche zurückzuführen.

Der Zusammenhang zwischen Haftfestigkeit und polarem Anteil der Oberflächen ist für die Abscheidung reiner Metalle wie z.B. Kupfer bekannt [Mann 94]. Nach Abbildung 6.20 gilt dies auch für die in dieser Arbeit untersuchten oxidischen Metallverbindungen.

6.4 Einfluß der Beschichtungsparameter auf die Haftfestigkeit

In den vorangegangen Kapiteln wurde der Einfluß von Parametern der Vorbehandlung auf die Haftfestigkeit der abgeschiedenen Schichten untersucht. Es hat sich herausgestellt, daß die Kombination 120 Sekunden Ätzen mit der Ätzgasmischung B, d.h. 90% O_2 + 10% CF_4, und einer Leistung von 30 W/dm^3 die besten Ergebnisse im Bezug auf die Haftfestigkeit liefert. Allerdings werden die Haftfestigkeitswerte, die mit einer Kombination der Vorbehandlungsparameter 300 Sekunden Ätzen mit der Ätzgaszusammensetzung A, d.h. 100% O_2 und einer Leistung von 30 W/dm^3 annähernd erreicht (vgl. Abb. 6.19 und 6.20). Außerdem entsteht durch die Gaszusammensetzung A eine glattere Oberfläche, was im Hinblick auf optische Eigenschaften nur von Vorteil sein dürfte (vgl. Abb. 6.11). Bei den im folgenden dargestellten Ergebnissen zur Beschichtungsparametervariation wurden durchgängig Polycarbonatsubstrate eingesetzt, die in einer reinen Sauerstoffatmosphäre bei einem Druck von 20 Pa modifiziert wurden. Der Kontaktwinkel der Proben lag dabei zwischen 15° und 17°.

6.4.1 Einfluß der Schichtdicke

Um den Einfluß der Schichtdicke auf die Haftfestigkeit zu untersuchen wurden Schichten zwischen 0,2 µm und 1,8 µm abgeschieden. Die Ergebnisse sind in der nachfolgenden Abbildung 6.21 zusammengefaßt.

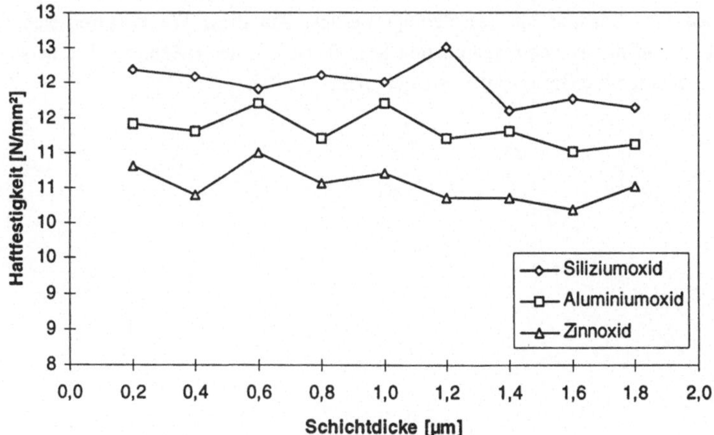

Abb. 6.21: Einfluß der Schichtdicke auf die Haftfestigkeit abgeschiedener Metalloxidschichten

In dem betrachteten Bereich der Schichtdicken konnte kein Zusammenhang zwischen Schichtdicke und Haftfestigkeit gefunden werden. Eine lineare Regression ergibt einen sehr kleinen Trend zur Haftfestigkeitsabnahme mit zunehmender Schichtdicke.

6.4.2 Einfluß der Biasspannung

Bei dem anodische Vakuumbogen handelt es sich um eine rein metallische Plasmaquelle, die einen im Bereich von 1% bis 50% einstellbaren Ionisationsgrad besitzt. Die kinetische Energie der kondensierenden Metallionen liegt in der Größenordnung einiger eV (1 eV = 11600 K). Aufgrund des im Vergleich zum Sputtern und besonders im Vergleich zum thermischen Verdampfen viel höheren Ionisationsgrades eröffnet sich hier die Möglichkeit, die kinetische Energie der kondensierenden Ionen durch das Anlegen einer Biasspannung an das Substrat gezielt zu vergrößern und damit die Schichteigenschaften, wie z.B. die Haftung zu verbessern bzw. die thermische Belastung des Kunststoffes während der Beschichtung zu beeinflussen. Ein weiterer Vorteil des anodischen Arc-Verfahrens im Hinblick auf optische Anwendungen besteht in den gleichmäßigen, dichten und dropletfreien Schichten.

Beim Beschichten mit dem anodischen Arc-Verfahren besteht die Möglichkeit die Substrate mit einer von dem Potential der Vakuumkammer getrennten Hilfsspannung (Biasspannung) zu versehen. Über eine gepulste Spannungsquelle können die Substrate auf variable Spannungen von U = -1000 V ... +1000 V bei Frequenzen zwischen 0 - 33 kHz gelegt werden. Es können unipolar gepulste Spannungen (sowohl negativ als auch positiv) und bipolar gepulste Spannungen verwendet werden (vgl. Abb. 6.22). Da es sich bei den Polycarbonatproben um nichtleitende Substrate handelt, wird die Biasspannung an die metallische Substrathalterung angelegt. Hierdurch wird in der Kammer ein elektrisches Feld erzeugt, in dem die positiv geladenen Ionen zum Substrat hin beschleunigt werden. Auf diese Weise lassen sich das Schichtwachstum und die Schichteigenschaften beeinflussen. Unter anderem soll untersucht werden, ob sich dadurch die Haftfestigkeit steigern läßt.

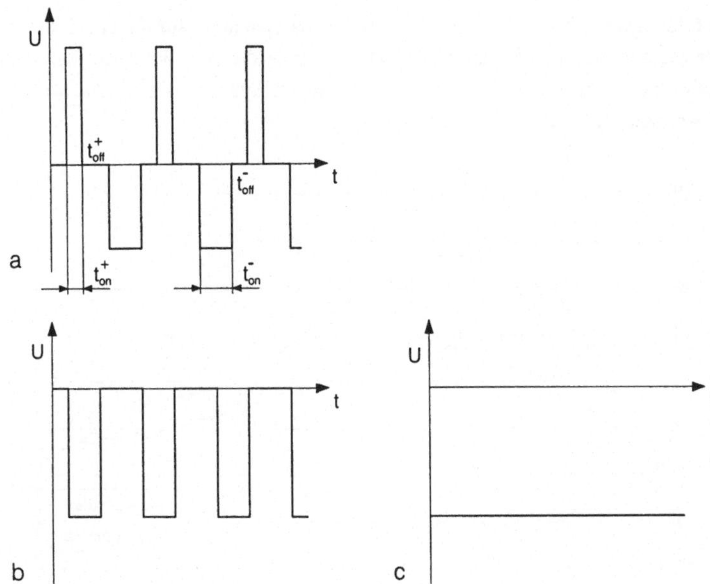

Abb. 6.22: Mögliche Verläufe der Substratspannung (Biasspannung), a) bipolar gepulst, b) unipolar gepulst, c) Gleichspannung

Für die gepulste Abscheidungen wurden dabei folgende Parameter für die Biasspannung eingestellt (vgl. Tab. 6.3).

	bipolar gepulst	unipolar gepulst
t^{+}_{on}	5 µs	–
t^{+}_{off}	10 µs	–
t^{-}_{on}	10 µs	40 µs
t^{-}_{off}	10 µs	60 µs

Tabelle 6.3.: Parameter der Biasspannung

Der wesentliche Vorteil der Pulstechnik besteht darin, daß der Energieeintrag pro Zeiteinheit erheblich reduziert werden kann ohne das Plasma wesentlich zu stören. Aus vielen Vorversuchen, insbesondere bei der Abscheidung von Metallen auf Kunststoffen, haben sich die oben aufgeführten Parameter bewährt.

In den Abbildungen 6.23 - 6.25 ist der Einfluß der Biasspannung auf die Haftfestigkeit abgeschiedener Metalloxidschichten dargestellt. Dabei wurde die Amplitude der Spannung variiert. Der absolute Wert der positiven und der negativen Spannungsamplitude wurde bei der bipolaren Anregung auf den selben Wert eingestellt.

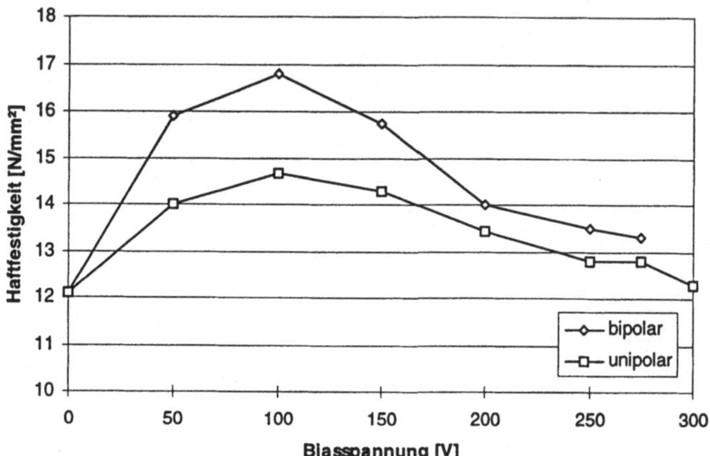

Abb. 6.23: Einfluß der Biasspannung auf die Haftfestigkeit von SiO_X-Schichten auf Polycarbonatproben

Sowohl für bipolar als auch für unipolar gepulste Biasspannungen steigt die Haftfestigkeit schon bei kleinen Spannungsamplituden stark an. Nach Überschreitung eines maximalen Wertes nimmt die Haftfestigkeit wieder ab und scheint sich auf einem Wert wenig über dem Ausgangszustand zu stabilisieren. Ab einer gewissen Spannungsamplitude kommt es bei beiden Anregungsarten zu Überschlägen (Bogenentladungen), sogenannten "Arc's", und die Spannung kann dann nicht mehr gesteigert werden. Die Strom-Spannungs-Kennlinie einer Niederdruckentladung (vgl. Kapitel 3) stellt die Bogenentladung als die energetisch günstigere Variante zum Aufrechterhalten des Stromflusses. Das Plasma ist deshalb immer bestrebt in diesen Zustand zu gelangen. Es hat sich herausgestellt, daß mit einer bipolar gepulste Biasspannung bei allen betrachteten Metalloxiden ein besseres Ergebnis im Bezug auf die Haftfestigkeit im Vergleich zur unipolar gepulsten Biasspannung erzielt werden kann (vgl. Abb. 6.23 - 6.25). Dies ist im wesentlichen auf die dielektrischen Eigenschaften der abgeschiedenen Schichten zurückzuführen. Während der Beschichtung laden sich die abgeschieden Schichten, durch den andauernden Beschuß mit positiven Ionen positiv auf. Das ursprüngliche elektrische Feld zwischen Substratteller und Plasma wird durch ein Gegenfeld zunehmend geschwächt. Die Energie mit der die Ionen auf der Oberfläche auftreffen nimmt ab. Der Ionenbeschuß während der Beschichtung beeinflußt aber in einem nicht unerheblichem Maß die

Schichteigenschaften (vgl. Kapitel 2). Durch einen kurzen positiven Impuls wie dies bei der bipolaren Biasspannung der Fall ist, kann dieses Gegenfeld vernichtet werden. Der positive Impuls initiiert zwei Dinge. Zum einen werden positive Ladungsträger an der obersten Schicht abgesprengt und zum anderen werden Elektronen aus dem Plasma zunehmend auf die Substratoberfläche beschleunigt. Diese beiden Vorgänge laufen gleichzeitig ab und zerstören das Gegenfeld. Der Einfluß des Gegenfeldes ist aus einem Vergleich der beiden Kurven in den Abbildungen 6.23 - 6.25 zu erkennen. Von großem Einfluß auf die Haftfestigkeit ist die Qualität des Interfaces zwischen Schicht und Substrat, also die Haftfestigkeit der ersten abgeschiedenen Monolagen. Zu diesem Zeitpunkt beginnt sich das beschrieben Gegenfeld erst aufzubauen, so daß es auch bei unipolarer Biasspannung zu einer Haftfestigkeitssteigerung kommt. Diese fällt aber bei weitem nicht so groß aus wie die bei einer bipolaren Biasspannung.

Bei der Abscheidung von SiO_X wird eine maximale Haftfestigkeit von 16,8 N/mm^2 bei einer Spannungsamplitude von 100 V erreicht. Die Haftfestigkeit konnte somit allein durch Variation der Biasspannung um 39% gesteigert werden (vgl. Abb. 6.23).

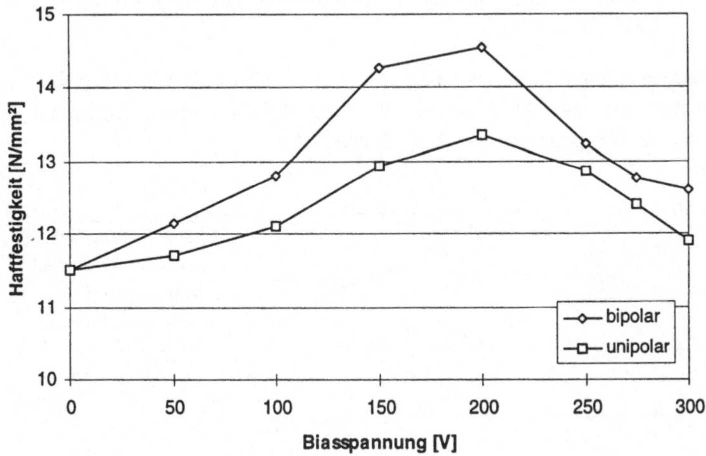

Abb. 6.24: Einfluß der Biasspannung auf die Haftfestigkeit von AlO_X-Schichten auf Polycarbonatproben

Im Gegensatz zu den anderen in dieser Arbeit betrachteten Schichten bildet sich das Maximum der Haftfestigkeit der AlO_X-Schichten erst bei einer Spannungsamplitude von 200 V aus und beträgt dort 14,55 N/mm^2. Damit ergibt sich eine Steigerung um 27% bezogen auf den Ausgangszustand (vgl. Abb. 6.24).

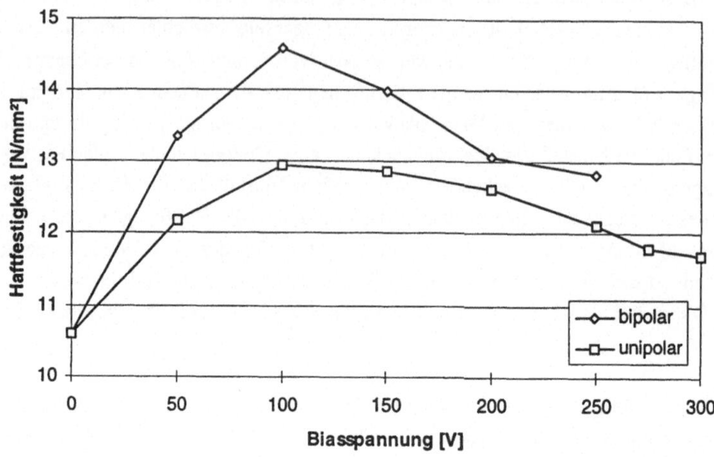

Abb. 6.25: Einfluß der Biasspannung auf die Haftfestigkeit von SnO_X-Schichten auf Polycarbonatproben

Bei der Abscheidung von SnO_X wird eine maximale Haftfestigkeit von 14,6 N/mm^2 bei einer Spannungsamplitude von 100 V erreicht. Die Haftfestigkeit konnte, bezogen auf den Ausgangszustand um 37% gesteigert werden (vgl. Abb. 6.25).

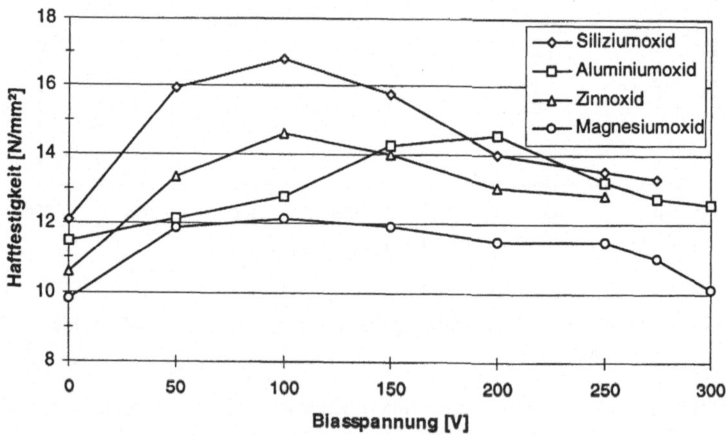

Abb. 6.26: Vergleich der unterschiedlichen Schichten im Bezug auf den Haftfestigkeitsverlauf in Abhängigkeit der bipolaren Biasspannung

Kennzeichnend für alle abgeschiedenen Schichten ist, daß die Schichthaftung nach überschreiten eines maximalen Wertes wieder abnimmt (vgl. Abb. 6.26). Erhöhte Schichteigenspannungen, hervorgerufen durch die hohen Ionenenergien könnten eine mögliche Erklärung für dieses Phänomen sein. Sie wurden aber in dieser Arbeit nicht näher untersucht.

In der folgenden Abbildung sind die Ergebnisse aus der Optimierung der Plasmamodifikation der Polymeroberfläche und die aus der Optimierung der Beschichtungsparameter zusammenfassend dargestellt (vgl. Abb. 6.27).

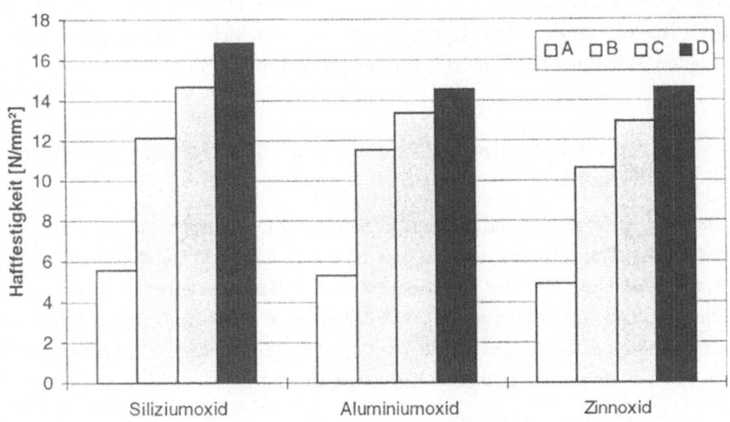

Abb. 6.27: Übersicht über die durch die Optimierung erzielten Haftfestigkeitssteigerungen gegenüber dem Ausgangszustand

Dabei bedeuten

A ... Beschichtung ohne voraus gegangene Plasmamodifikation und mit den Parametern wie sie unter den Kapiteln 6.2.1 bis 6.2.3 für die jeweiligen Schichten beschrieben sind mit einer Aufwachsrate von 4 nm/s und einer Schichtdicke von 600 nm ohne überlagerte Biasspannung,

B ... Optimierte Plasmamodifikation, d.h. Mikrowellenentladung in einer reinen Sauerstoffatmosphäre mit einer Ätzleistungsdichte von P = 30 W/dm^3, einem Ätzgasdruck von 1 mbar für eine Zeit von 300 Sekunden; Beschichtungsparameter wie A auch hier ohne überlagerte Biasspannung,

C ... Optimierte Plasmamodifikation wie unter B beschrieben; Beschichtungsparameter wie A mit überlagerter unipolar gepulster Biasspannung und einer

Spannungsamplitude von 100 V für SiO_X und SnO_X und einer Spannungsamplitude von 200 V für AlO_X und

D ... Optimierte Plasmamodifikation wie unter B beschrieben; Beschichtungsparameter wie A mit überlagerter bipolar gepulster Biasspannung und einer Spannungsamplitude von 100 V für SiO_X und SnO_X und einer Spannungsamplitude von 200 V für AlO_X.

Aus einer Betrachtung der Abb. 6.27 ergibt sich, daß die Haftfestigkeit allein durch eine Optimierung der Plasmamodifikation durchweg auf das doppelte gesteigert werden kann. Ausgehend davon ergibt eine Optimierung der Beschichtungsparameter eine weitere Steigerung um 25% für AlO_X, um 33% für SnO_X und 35% für SiO_X.

6.5 Optische Eigenschaften und Verschleißfestigkeit der abgeschiedenen Schichten

Sämtliche im nachfolgenden dargelegten Ergebnisse zur Transmission und zum Anteil des Streulicht in der Transmission wurden mit eine Ulbrichtkugel durchgeführt. (vgl. Kapitel 5.4.6). Dabei wurde der Bereich zwischen 300 und 850 nm mit einer Schrittweite von 1 nm abgescannt. Damit wurde sichergestellt, daß der gesamte sichtbare Bereich abgedeckt wurde. In den dargestellten Abbildungen wurden von den 556 Meßpunkten 20 Punkte so ausgewählt, daß diese den Verlauf der tatsächlichen Kurve wiedergeben.

6.5.1 Transmission der abgeschiedenen Schichten

Im folgenden werden die Transmissionseigenschaften des Systems Polycarbonat/Metalloxidschicht in Abhängigkeit von der Biasspannung dargestellt. Die Polycabonatproben wurden vor der Beschichtung in einem Sauerstoffplasma für 120 Sekunden bei einer Leistungsdichte von 30 W/dm^3 modifiziert. Die Schichtdicken der betrachteten Schichten betragen durchweg 600 nm. Die Beschichtungsparameter sind die selben wie in den Kapiteln zum Einfluß der Haftfestigkeit (vgl. Kapitel 6.3) aufgeführt. Zum Vergleich ist in den folgenden Abbildungen auch die Transmissionskurve des unbeschichteten Polycarbonat aufgetragen.

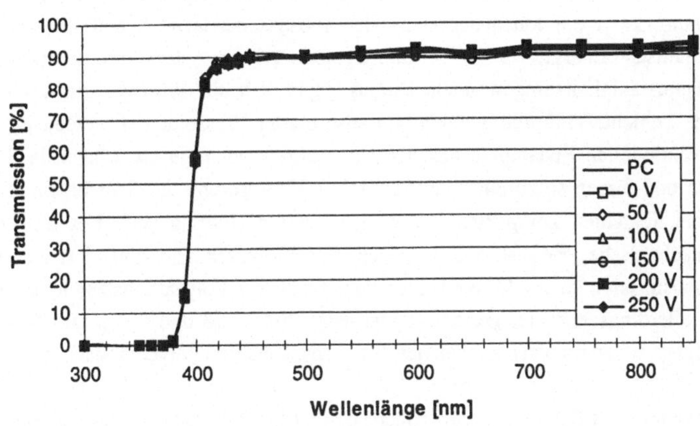

Abb. 6.28: Einfluß der Biasspannung auf die Transmissionseigenschaften des Systems Polycarbonat (PC)/ SiO_X

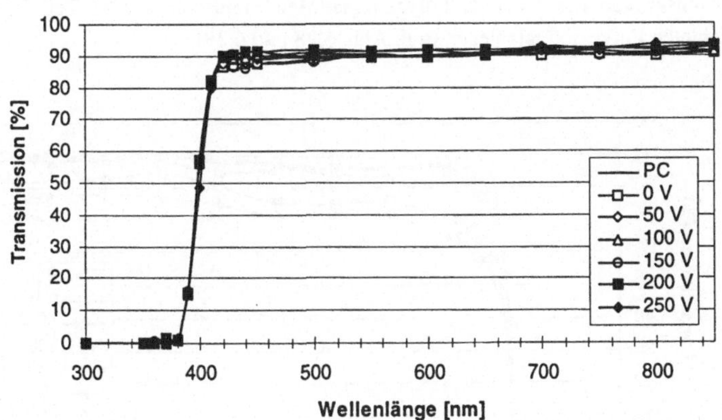

Abb. 6.29: Einfluß der Biasspannung auf die Transmissionseigenschaften des Systems Polycarbonat (PC)/ AlO_X

Sowohl das System Polycarbonat/SiO_X als auch das System Polycarbonat/AlO_X beeinträchtigen die direkte Transmission von Licht im sichtbaren Bereich (380 - 780 nm) gegenüber dem unbeschichteten Polycarbonat nicht (vgl. Abb. 6.28 und 6.29). Sämtliche Proben erscheinen bei einer visuellen Betrachtung vollkommen klar und transparent. Durch die Variation der Biasspannung kann die Ionenenergie an der Substratoberfläche beeinflußt werden. Diese erhöhte kinetische Energie wird an der Substratoberfläche in Wärme bzw. in erhöhte Oberflächendiffusionsfähigkeit umgewandelt. Daraus ergibt sich ein günstiger Einfluß auf die aufwachsende Schicht. Verunreinigungen wie adsorbierter Wasserdampf werden im Gegensatz zum konventionellen Bedampfen beseitigt, die auftreffenden Atome können in das Substrat eindringen und führen so zu einer physikalischen Verankerung der Schicht. Im Allgemeinen sind solche Schichten kompakter, haben eine bessere Haftung (vgl. Kapitel 6.4.2) sowie bessere mechanische, chemische und optische Eigenschaften. Ein Einfluß der Biasspannung auf die Transmission konnte für die beiden Schichtsysteme Polycarbonat/SiO_X und Polycarbonat/AlO_X allerdings nicht festgestellt werden (vgl. Abb. 6.28 und 6.29). Die Transmissionsverläufe entsprechen im wesentlichen der des unbeschichteten Polycarbonats.

Die Reflexion an der Polycarbonatoberfläche beträgt für Wellenlängen bis 380 nm ca. 6% und steigt dann, für Wellenlängen größer als 400 nm, auf einen konstanten Wert von ca. 10% an. Unter Berücksichtigung der Transmissionskurve des unbeschichteten Polycarbonats bedeutet das, daß die Absorption der unbeschichteten Probe von ca. 94% für Wellenlängen kleiner als 380 nm auf nahezu 0% für Wellenlängen größer als 400 nm abnimmt. Durch eine Beschichtung mit SiO_X und AlO_X kann die Gesamtreflexion des Systems verringert werden. Außerdem sind die abgeschiedenen Schichten über den gesamten betrachteten Wellenlängenbereich absorptionsfrei. Dies ist eine Erklärung dafür, daß die Transmissionskurven des Systems Polycarbonat/Metalloxidschicht zum Teil über der des unbeschichteten Polycarbonats liegen (vgl. Abb. 6.28 und 6.29).

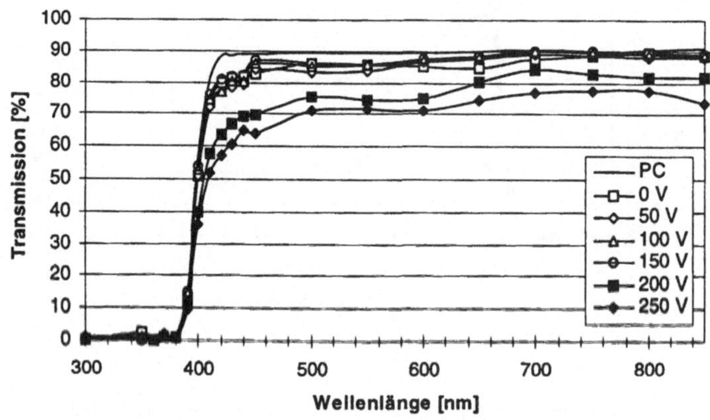

Abb. 6.30: Einfluß der Biasspannung auf die Transmissionseigenschaften des Systems Polycarbonat (PC)/ SnO_X

Bei den Schichtsystemen Polycarbonat/SnO_X und Polycarbonat/MgO_X ist ein Einfluß der Biasspannung deutlich zu erkennen (vgl. Abb. 6.30 und 6.32). Mit zunehmender Biasspannung nimmt die Transmission bei beiden Systemen ab. Bei den betrachteten Systemen wird der Einfluß bei höheren Biasspannungen, ab ca. 200 V sehr deutlich.

Charakteristisch bei der Abscheidung von SnO_X-Schichten ist das Auftreten von feinen Rissen in der Schicht. Die Anzahl und Größe dieser Risse steigt mit zunehmender Biasspannung an. Diese Risse sind vermutlich verantwortlich für die Abnahme der Transmission (vgl. Abb. 6.31).

2 µm

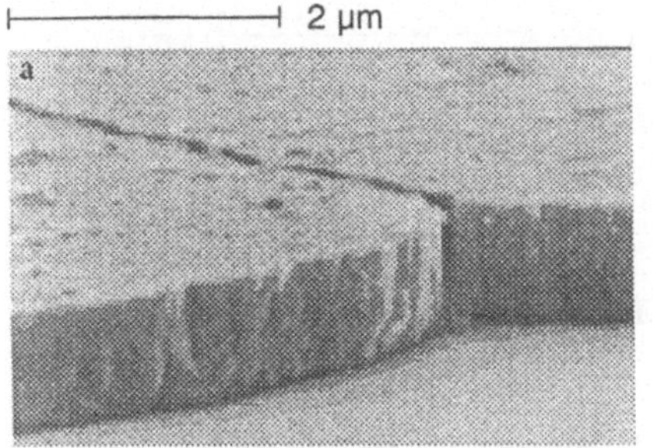

Abb. 6.31: SnO_X-Schichten auf einem Siliziumwafer abgeschieden mit unterschiedlichen Biasspannungen, a) 100 V, b) 250 V

Die Transmissionskurve der Zinnoxidschichten steigt bei 380 nm steil an, geht aber im Vergleich zu den anderen abgeschiedenen Schichten erst bei größeren Wellenlängen in einen waagerechten Verlauf über. D.h., gegenüber dem unbeschichteten Polycarbonat wird der Bereich zwischen 380 und 500 nm teilweise absorbiert. Auch die bezüglich der Transmission besten Zinnoxidschichten gehen erst bei 500 nm in den waagerechten Verlauf über. Das ist ein Grund dafür, daß sämtliche abgeschiedenen Schichten eine gelbbraune Tönung besitzen. Für Wellenlängen größer als 500 nm nähern sich die SnO_X-Schicht, abgeschiedenen mit einer Biasspannung zwischen 0 und 150 V, den Transmissionswerten des unbeschichteten Polycarbonat wieder an (vgl. Abb. 6.30).

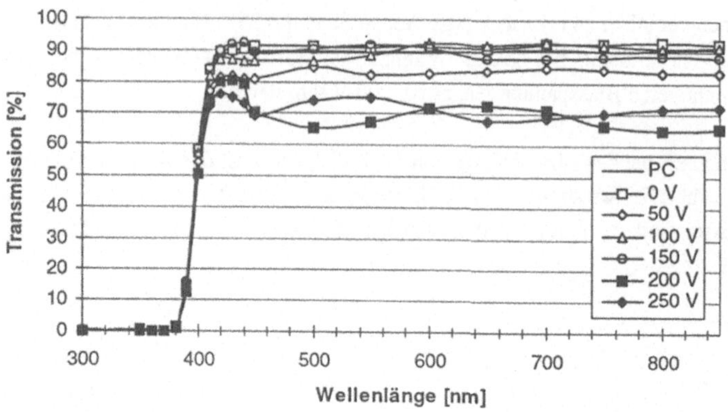

Abb. 6.32: Einfluß der Biasspannung auf die Transmissionseigenschaften des Systems Polycarbonat (PC)/ MgO_X

Wie die SnO_X-Schichten weisen auch die MgO_X-Schichten mit zunehmender Biasspannung eine Abnahme der Transmission auf. Bei einer Beschichtung mit einer Biasspannung von weniger als 200 V erscheinen die Schichte visuell völlig klar und transparent. Ein Filterung bestimmter Wellenlängenbereiche wie dies beim SnO_X der Fall ist, tritt nicht in Erscheinung. Charakteristisch für die MgO_X-Schichten ist, daß dies an der Oberfläche kugelförmige Erhebungen aufweisen (vgl. Abb. 6.33), die mit zunehmender Biasspannung größer werden. Dies könnte eine Erklärung für die Abnahme in der Transmission sein.

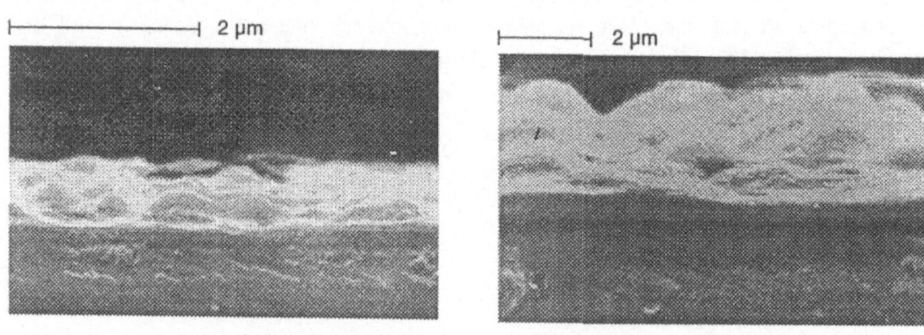

Abb. 6.33: MgO_X-Schicht auf einem Siliziumwafer abgeschieden bei einer Biasspannung von 300 V

Es kann sich dabei allerdings nicht um „Droplets“, d.h. Magnesiumspritzer von der Verdampfungsquelle, handeln, da die Schichten dann nicht transparent wären Eine mögliche Erklärung wäre das sich auf der Strecke zwischen Verdampfungsquelle und Substrat Cluster aus Magnesiumoxid bilden, die dann auf dem Substrat kondensieren. Weitergehende Untersuchungen in dieser Richtung wären nötig um dieses Phänomen zu klären.

In der folgenden Abbildung ist die Transmission für Licht mit einer Wellenlänge von 600 nm in Abhängigkeit von der Schichtdicke aufgetragen (vgl. Abb. 6.34). Dabei wurde während der Beschichtung eine bipolare Biasspannung von 100 V überlagert. Sowohl bei dem System Polycarbonat/SiO_X, als auch bei dem System Polycarbonat/AlO_X ist kein Einfluß der Schichtdicke auf das Transmissionsverhalten zu erkennen. Das System Polycarbonat/SnO_X zeigt bis Schichtdicken von ca. 1,2 µm keine Abhängigkeit, die Transmissionswerte fallen allerdings für Schichtdicken über 1,2 µm bis auf ca. 83% bei einer Schichtdicke von 1,8 µm ab. Dies ist auf das Auftreten von feinen Rissen ab einer Schichtdicke von 1,2 µm zurückzuführen (vgl. Abb. 6.16).

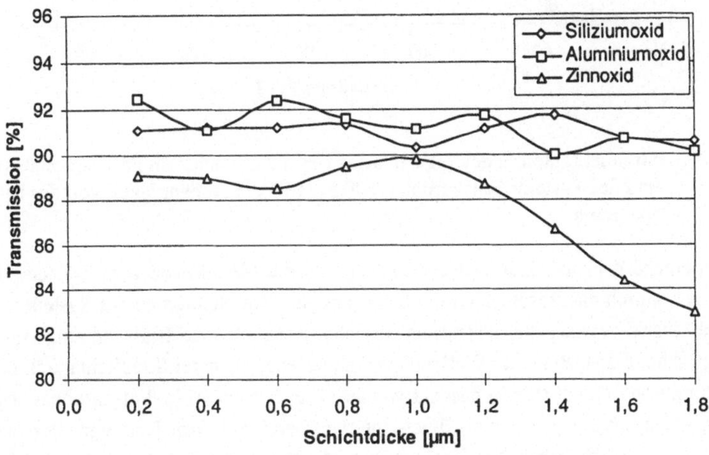

Abb. 6.34: Einfluß der Schichtdicke auf die Transmission unterschiedlicher Metalloxidschichten bei einer Wellenlänge von 600 nm

6.5.2 Streulichtanteil in der Transmission

Im folgenden wird der Streulichtanteil in der Transmission des Systems Polycarbonat/Metalloxidschicht in Abhängigkeit von der Biasspannung dargestellt. Die Polycabonatproben wurden vor der Beschichtung in einem Sauerstoffplasma für 300 Sekunden bei einer Leistungsdichte von 30 W/dm^3 modifiziert. Die Beschichtungsparameter sind die selben wie in den Kapiteln zum Einfluß der Haftfestigkeit (vgl. Kapitel 6.3) Zum Vergleich ist in den folgenden Abbildungen auch der Streulichtanteil in der Transmission des unbeschichteten Polycarbonat aufgetragen.

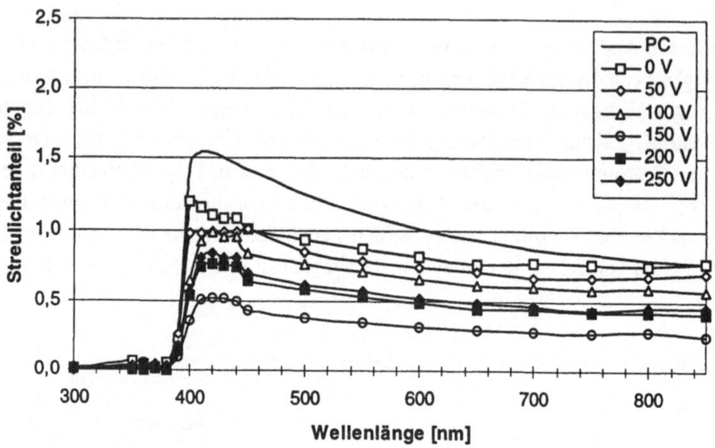

Abb. 6.35: Streulichtanteil in der Transmission des unbeschichteten Polycarbonats (PC) und des Systems Polycarbonat/600 nm SiO_X in Abhängigkeit von der Biasspannung

Der Streulichtanteil in der Transmission kann durch die Metalloxide zum Teil deutlich gesenkt werden. Durch das Beschichten mit SiO_X sinkt der Streulichtanteil des System zum Teil deutlich ab. Dabei werden die niedrigsten Streulichtwerte für eine Biasspannung von 150 V erzielt (vgl. Abb. 6.35). Bei einer Wellenlänge von 600 nm kann der Streulichtanteil durch die Beschichtung von 1% auf 0,35% gesenkt werden. Das System AlO_X/Polycarbonat senkt den Steulichtanteil nur dann, wenn eine Biasspannung überlagert wird. Dort wird der minimale Streulichtverlauf erst bei einer Biasspannung von 250 V erreicht. Der Streulichtanteil kann bei einer Wellenlänge von 600 nm von 1% auf 0,25% gesenkt werden (vgl. Abb. 6.36).

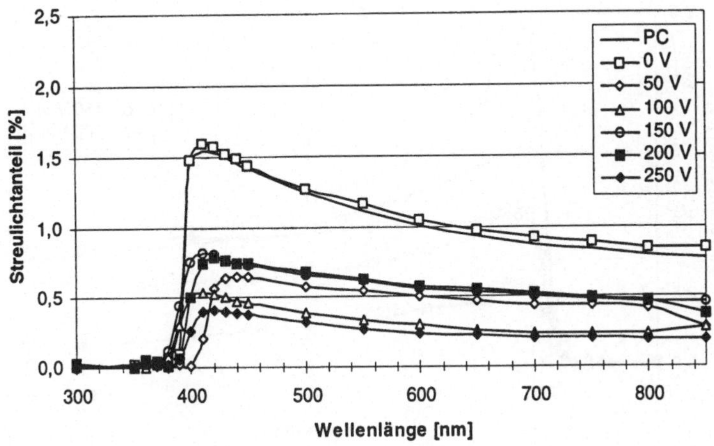

Abb. 6.36: Streulichtanteil in der Transmission des unbeschichteten Polycarbonats (PC) und des Systems Polycarbonat/600 nm AlO_X in Abhängigkeit von der Biasspannung

Sowohl das System Polycarbonat/SnO_X (vgl. Abb. 6.37) als auch das System Polycarbonat/MgO_X (vgl. Abb. 6.38) zeigen bei einer Beschichtung ohne überlagerte Biasspannung ein ausgeprägtes Maximum im Bereich zwischen 400 und 460 nm. Der Wert ist dabei gegenüber der unbeschichteten Probe deutlich größer. Diese Ausprägung schwächt sich aber mit größer werdenden Biasspannungen deutlich ab, so daß auch diese System bei Biasspannungen größer 100 V einen Streulichtanteil unter der der unbeschichteten Probe aufweisen. Bei einer Wellenlänge von 600 nm fällt der Streulichtanteil bei einer SnO_X Beschichtung mit einer Biasspannung von 200 V auf einen Wert von ca. 0,35% (vgl. Abb. 6.37). Das System mit der Magnesiumoxidbeschichtung bei 250 V, weist bei gleicher Wellenlänge nur noch eine Streulichtanteil von ca. 0,25% auf (vgl. Abb. 6.38).

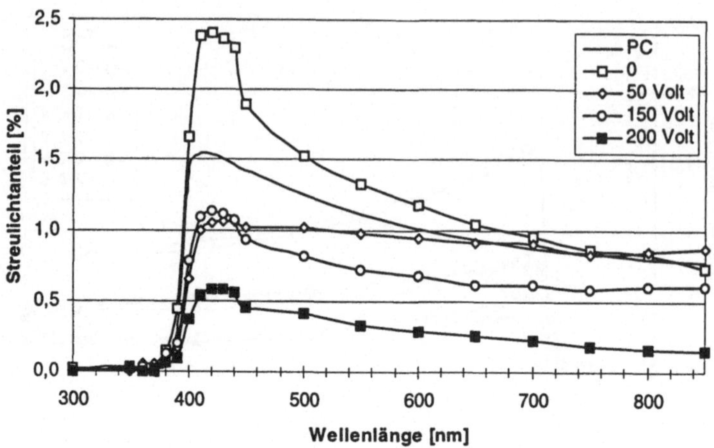

Abb. 6.37: Streulichtanteil in der Transmission des unbeschichteten Polycarbonats (PC) und des Systems Polycarbonat/600 nm SnO_X in Abhängigkeit von der Biasspannung

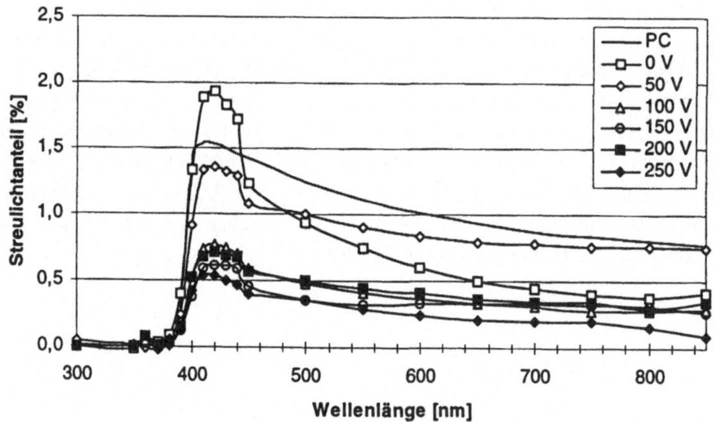

Abb. 6.38: Streulichtanteil in der Transmission des unbeschichteten Polycarbonats (PC) und des Systems Polycarbonat/600 nm MgO_X in Abhängigkeit von der Biasspannung

Steigt die Biasspannung, fällt der Anteil des Streulichts in der Transmission anfänglich ab und steigt nach durchlaufen eines Minimums wieder mit einer kleineren Steigung an. Die Lage des

Minimums ist dabei abhängig von dem betrachteten Schichtsystem. Die erhöhte Energie der Ionen (Abhängig von der Biasspannung) und der Neutralteilchen bewirken, daß die Schichten im Vergleich zum Sputtern und zum klassischen Aufdampfen schon bei niedrigen Substrattemperaturen weniger porös sind. Dies ist im wesentlichen auf die erhöhte Oberflächendiffusionsfähigkeit der kondensierenden Teilchen zurück zuführen. Die Schichten sind in ihrem Aufbau wesentlich kompakter. Das erklärt auch die anfängliche Abnahme des Streulichts in der Transmission. Gleichzeitig wird die Oberfläche des Polymers durch den Beschuß mit energiereichen Ionen aufgerauht. Mit zunehmender Biasspannung wird der Einfluß der Aufrauhung größer und der Streulichtanteil steigt dann wieder leicht an.

6.5.3 Verschleißfestigkeit der Metalloxidschichten

In diesem Kapitel werden die Ergebnisse der Verschleißuntersuchungen an dem System Polycarbonat/Metalloxidschicht dargelegt. Die Proben wurden im Sandrieseltest nach DIN 52 348 (vgl. Kapitel 2.3.2.1) künstlich verschließen. Anschließend wurde die Zunahme des Streulichtanteils in der Transmission mit der Ulbrichtkugel aufgenommen. Als Referenz wurde eine unbeschichtete Polycarbonatprobe mit in die Untersuchungen aufgenommen.

6.5.3.1 Abhängigkeit des Verschleißverhaltens von der Biasspannung

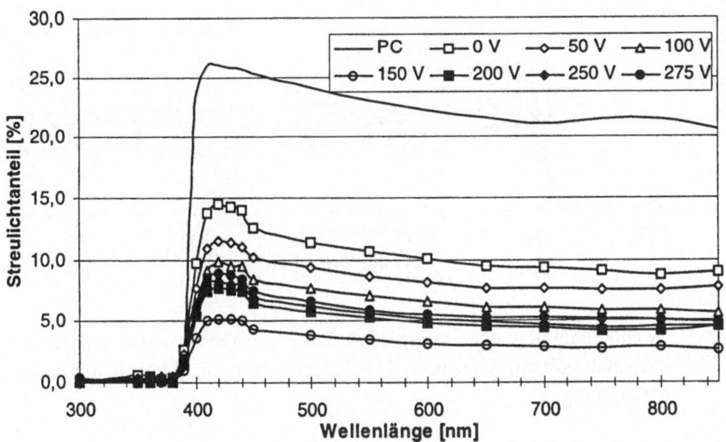

Abb. 6.39: Streulichtanteil in der Transmission von Polycarbonat und dem System Polycarbonat/ 600 nm SiO_X nach dem Sandrieseltest in Abhängigkeit von der Biasspannung

Durch eine Beschichtung des Polycarbonats mit einer transparenten SiO_X-Schicht konnte das Verschleißverhalten des Systems erheblich verbessert werden (vgl. Abb. 6.39). Grundsätzlich kann festgehalten werden, daß die Verschleißbeständigkeit mit zunehmender Biasspannung verbessert wird. Im Bereich zwischen 400 und 450 nm zeigen alle Kurven ein ausgeprägtes Maximum. Dies ist auch bei der unbeschichteten Probe zu beobachten und wird durch die Schicht weiter ausgeprägt. Bei einer Biasspannung von 150 V wird das Minimum an Streulicht in der Transmission erreicht. Die Kurve fällt von 5% (430 nm) mit zunehmender Wellenlänge stetig ab und erreicht einen Wert von 2,5% bei einer Wellenlänge von 850 nm. Dieser Verlauf ist charakteristisch für alle in dieser Arbeit untersuchten Systeme und wird weitgehend von dem Polycarbonat bestimmt. Wird mit Biasspannungen größer als 150 V beschichtet, verschlechtert sich das Verschleißverhalten. Die Abbildungen im nächsten Kapitel zur Korrelation zwischen Haftfestigkeit und Verschleißverhalten zeigen diesen Verlauf deutlicher. Ein Vergleich der Streulichtkurven nach (vgl. Abb. 6.39) und vor dem Sandrieseltest (vgl. Abb. 6.35) zeigt, daß die Zunahme des Streulichts durch die Verschleißbeanspruchung des Systems zwischen 4,5% und 2% liegt.

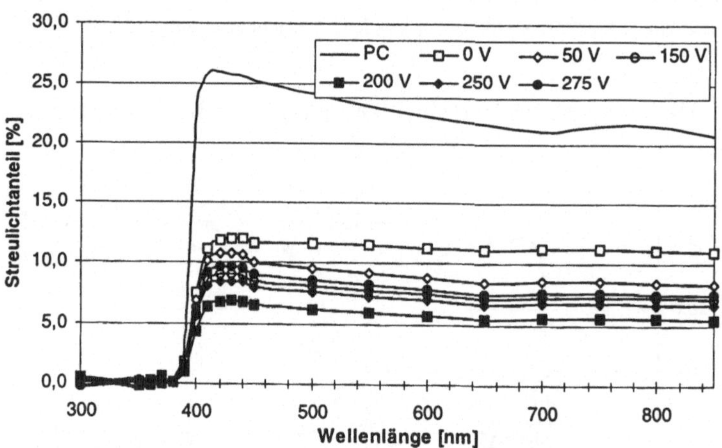

Abb. 6.40: Streulichtanteil in der Transmission von Polycarbonat und dem System Polycarbonat/ 600 nm AlO_X nach dem Sandrieseltest in Abhängigkeit von der Biasspannung

Eine AlO_X-Schicht auf Polycarbonat erhöht die Verschleißfestigkeit des Systems annähernd so gut wie eine SiO_X-Schicht. Auch ist der Verlauf der Kurven beider Systeme sehr ähnlich. Die Ausprägung eines Maximums ist bei den AlO_X-Schichten allerdings nicht so deutlich. Die Verschleißbeständigkeit nimmt auch hier mit zunehmender Biasspannung zu. Das Minimum wird bei diesem System allerdings erst bei einer Biasspannung von 200 V erreicht. Die Kurve fällt von ca. 7% (430 nm) mit zunehmender Wellenlänge stetig ab und erreicht einen Wert von 5,5% bei einer Wellenlänge von 850 nm (vgl. Abb. 6.40). Wird mit Biasspannungen größer als 200 V beschichtet, verschlechtert sich das Verschleißverhalten. Der Quotient aus Zunahme des Streulichts und Zunahme der Biasspannung wird allerdings kleiner, so daß vermutet werden kann, daß sich der Streulichtanteil einem gewissen Niveau annähert. Dies trifft auch für die SiO_X-Schichten zu. Auch hier sei auf das nächste Kapitel verwiesen wo dieser Verlauf deutlicher zum Ausdruck kommt. Ein Vergleich der Streulichtkurven nach (Abb. 6.40) und vor dem Sandrieseltest (Abb. 6.36) zeigt, daß die Zunahme des Streulichts durch die Verschleißbeanspruchung des Systems zwischen 6,3% und 5% liegt.

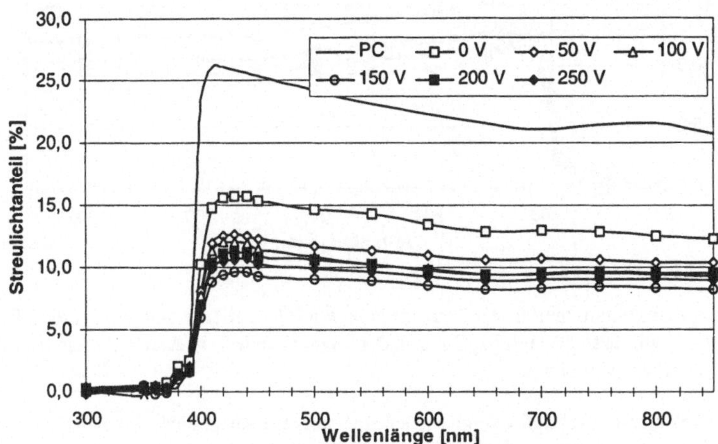

Abb. 6.41: Streulichtanteil in der Transmission von Polycarbonat und dem System Polycarbonat/ SnO_X nach dem Sandrieseltest in Abhängigkeit von der Biasspannung

Mit einer SnO_X-Schicht kann das Verschleißverhalten des Systems nicht in dem Maße verbessert werden, wie durch eine SiO_X- bzw. AlO_X-Schicht. Die Verbesserung gegenüber der unbeschichteten Probe ist aber immer noch signifikant. Der Verlauf der Streulicht Kurven ist charakteristisch, d.h. Maximum bei ca. 430 nm und stetige Abnahme mit zunehmender Wellenlänge. Die Verschleißbeständigkeit nimmt auch hier mit zunehmender Biasspannung zu. Das Minimum wird bei diesem System wie bei dem System Polycarbonat/SiO_X bei einer Biasspannung von 150 V erreicht. Die Kurve fällt von ca. 10% (430 nm) mit zunehmender Wellenlänge stetig ab und erreicht einen Wert von 8% bei einer Wellenlänge von 850 nm (vgl. Abb. 6.39). Wird mit Biasspannungen größer als 150 V beschichtet, verschlechtert sich das Verschleißverhalten. Der Quotient aus Zunahme des Streulichts und Zunahme der Biasspannung wird allerdings auch hier kleiner, so daß die gleichen Überlegungen wie zuvor angestellt werden können. Ein Vergleich der Streulichtkurven nach (Abb. 6.41) und vor dem Sandrieseltest (Abb. 6.37) zeigt, daß die Zunahme des Streulichts durch die Verschleißbeanspruchung des Systems zwischen 9,5% und 7,7% liegt

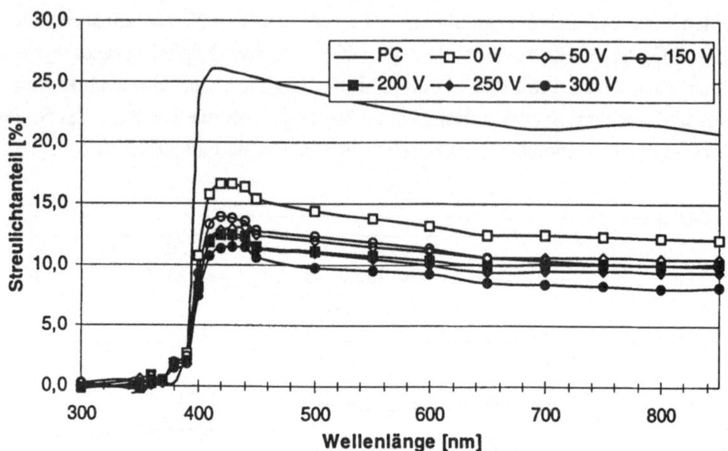

Abb. 6.42: Streulichtanteil in der Transmission von Polycarbonat und dem System Polycarbonat/ 600 nm MgO_X nach dem Sandrieseltest in Abhängigkeit von der Biasspannung

Das System Polycarbonat/MgO_X zeigt wieder eine stärkere Ausprägung eines Maximums bei einer Wellenlänge von 430 nm. Der Kurvenverlauf ist auch hier charakteristisch. Als Funktion der Biasspannung nimmt der Streulichtanteil in der Transmission hier allerdings erst bei einer Spannung von 300 V einen minimalen Wert an. Die MgO_X-Schichten verhalten sich atypisch im Bezug auf den Einfluß der Biasspannung. Dies wurde auch deutlich bei den Untersuchungen zur Haftfestigkeit. Im Bezug auf das Verschleißverhalten erweist sich dieses System als das schlechteste der in dieser Arbeit betrachteten Systeme. Für eine Beschichtung mit einer Biasspannung von 300 V fällt die Kurve von ca. 12% (430 nm) mit zunehmender Wellenlänge stetig ab und erreicht einen Wert von 8% bei einer Wellenlänge von 850 nm (vgl. Abb. 6.39). Ein Vergleich der Streulichtkurven nach (Abb. 6.42) und vor dem Sandrieseltest (Abb. 6.38) zeigt, daß die Zunahme des Streulichts durch die Verschleißbeanspruchung des Systems zwischen 11,5% und 7,9% liegt.

In der folgenden Abbildung 6.43 sind zum Vergleich der Verschleißbeständigkeit der unterschiedlichen Systeme der Streulichtanteil in der Transmission für eine Wellenlänge von 600 nm zusammenfassend abgebildet. Die unbeschichtete Polycarbonatprobe weist bei dieser Wellenlänge einen Streulichtanteil von 22,24% auf.

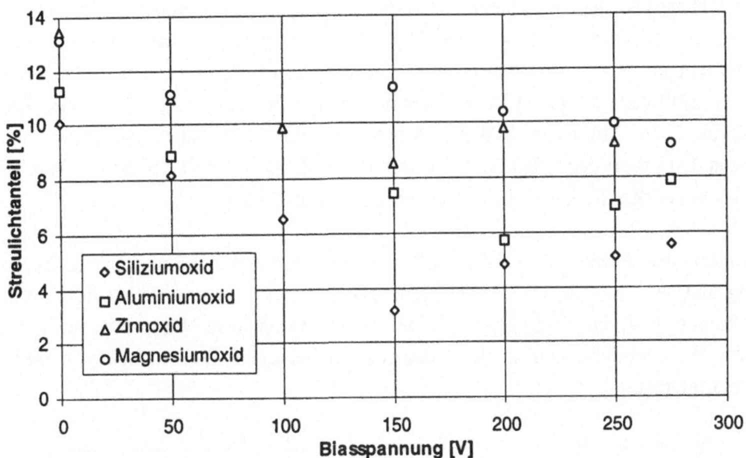

Abb. 6.43: Streulichtanteil in der Transmission der Systeme Polycarbonat und Polycarbonat/Metalloxid bei einer Wellenlänge von 600 nm in Abhängigkeit von der Biasspannung

Deutlich zu erkennen ist, daß das System Polycarbonat/SiO_X den besten Verschleißschutz gegen den Sandrieseltest nach DIN 52 348 bietet. Die AlO_X-Schichten erreichen ähnlich gute Verschleißeigenschaften, allerdings erst bei etwas größeren Biasspannungen. Aus der Abbildung 6.43 ist deutlich das atypische Verhalten der MgO_X-Schicht zu erkennen. Dies kann bei keiner der anderen Schichtsysteme beobachtet werden. Alle anderen Systeme weisen grundsätzlich eine gleichen Verlauf auf. Mit zunehmender Biasspannung wird , abhängig von dem betrachteten Metalloxid, ein Minimum durchlaufen und die Steigung der Kurve nimmt danach ab. Eine mögliche Erklärung für das atypische Verhalten der Magnesiumoxidschichten kann in dem Auftreten kugelförmiger Erhebungen an der Oberfläche liegen.

Im Kapitel 6.4 wurde der Einfluß unterschiedlicher Beschichtungsparameter auf die Haftfestigkeit untersucht. Im folgenden soll untersucht werden inwieweit die Haftfestigkeit mit der Verschleißbeständigkeit des Systems korreliert.

6.5.3.2 Korrelation zwischen Haftfestigkeit und Verschleißverhalten

Die Haftfestigkeit ist sicherlich von enormer Bedeutung für die Qualität der Systeme; denn eine enorm harte und damit kratzunempfindliche Schicht kann ihr volles Potential nur ausspielen, wenn die Haftung im Interface zwischen Substrat und Schicht genügend groß ist. Die Verschleißuntersuchungen die in dieser Arbeit durchgeführt wurden, bestätigen diese Aussage. Bei sämtlichen Systemen ist der Hauptanteil der Streulichtzunahme auf das Einbrechen und Abplatzen der im Vergleich zum Substrat sehr spröden und harten Schichten zurück zuführen. Dieses Verhalten ist auch aus anderen Bereichen der Dünnschichttechnik bekannt und wird als „Eierschaleneffekt“ bezeichnet. Damit ist gemeint, daß eine sehr spröde und harte Schicht auf einem weichen duktilen Substrat durch Einbrechen der Schicht versagt. Durch die Einbrüche entstehen Mikrorisse, die dann zu Beeinträchtigungen in der Transmission führen. Diese Mikrorisse bilden sich bedingt durch Eigenspannungen in den Schichten weiter aus. Dies führt dazu, daß die Schicht in ihrem Zusammenhalt gestört ist. Es bilden sich Mikroinseln auf dem Substrat, die dann leicht abplatzen können.

In den folgenden Abbildungen 6.44 - 6.47 sind die Ergebnisse aus der Haftfestigkeitsuntersuchung und der Verschleißuntersuchungen zusammengefaßt. Dabei ist auf der Abszisse die Biasspannung in V, auf der linken Ordinate die Haftfestigkeit in N/mm^2 und auf der rechten Ordinate der Streulichtanteil in der Transmission bei einer Wellenlänge von 600 nm in Prozent aufgetragen.

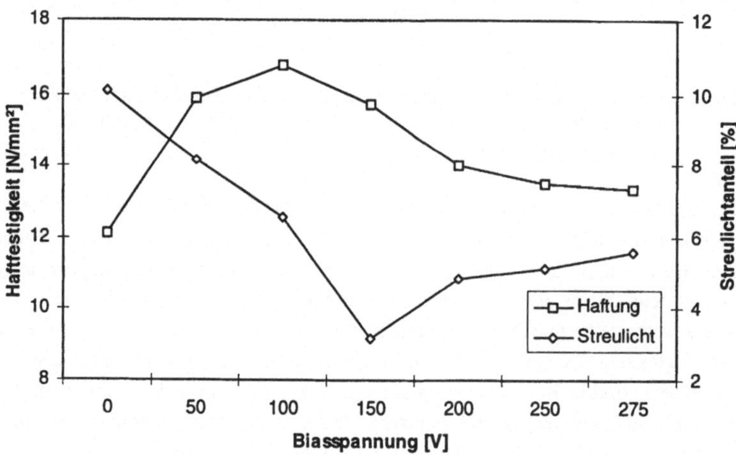

Abb. 6.44: Korrelation zwischen Haftfestigkeit und Streulichtanteil bei einer Wellenlänge von 600 nm des Systems Polycarbonat/SiO_X

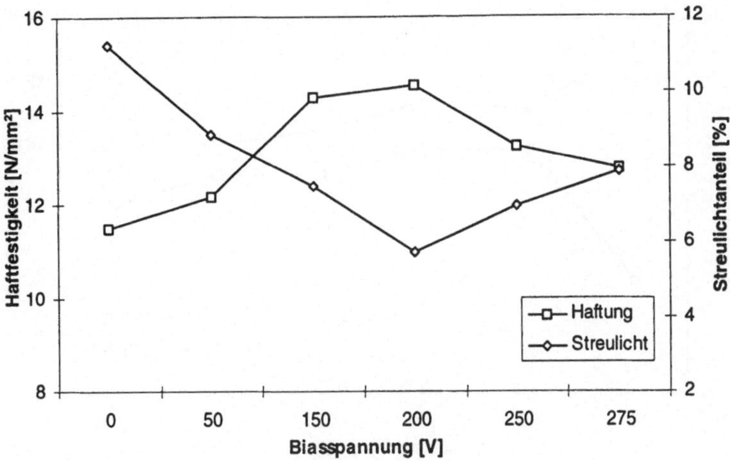

Abb. 6.45: Korrelation zwischen Haftfestigkeit und Streulichtanteil bei einer Wellenlänge von 600 nm des Systems Polycarbonat/AlO_X

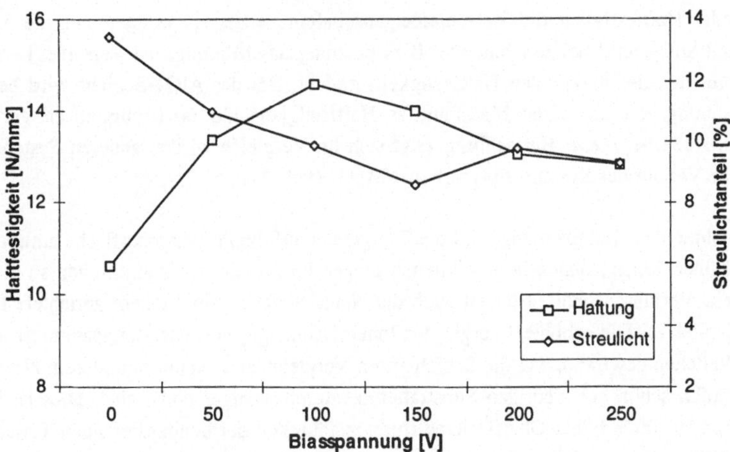

Abb. 6.46: Korrelation zwischen Haftfestigkeit und Streulichtanteil bei einer Wellenlänge von 600 nm des Systems Polycarbonat/SnO_X

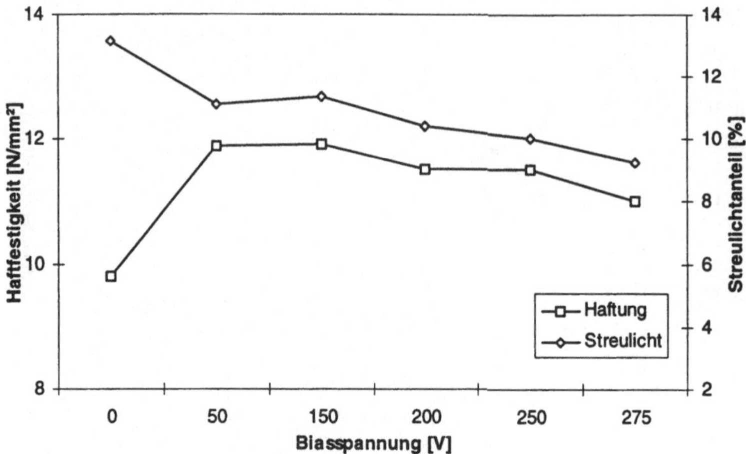

Abb. 6.47: Korrelation zwischen Haftfestigkeit und Streulichtanteil bei einer Wellenlänge von 600 nm des Systems Polycarbonat/MgO_X

Generell kann für alle in dieser Arbeit betrachteten Systeme festgestellt werden, daß mit zunehmender Haftfestigkeit die Verschleißeigenschaften verbessert werden. Für die Systeme SiO_X und SnO_X wird bei zunehmender Biasspannung das Minimum an Verschleiß erst nach dem Erreichen der maximalen Haftfestigkeit erreicht. Bei der AlO_X-Schicht wird bei einer Biasspannung von 200 V das Maximum an Haftfestigkeit und das Minimum an Verschleiß erreicht. Auch bei dieser Betrachtung zeigt sich im Vergleich zu den anderen Systemen der atypische Verlauf des Systems Polycarbonat/MgO_X (vgl. Abb. 6.47).

Mit zunehmender Biasspannung wird die Energie der auf die Polymeroberfläche auftreffenden Ionen größer. Ionen können in das Polymer eingeschossen werden und erhöhen so die Haftfestigkeit. Verfahrensbedingt haben auch die Neutralteilchen eine höhere gerichtete Energie (vgl. Kapitel 2). Die erhöhte Energie der Ionen (Abhängig von der Biasspannung) und der Neutralteilchen bewirken, daß die Schichten im Vergleich zum Sputtern und zum klassischen Aufdampfen schon bei niedrigen Substrattemperaturen weniger porös sind. Dies ist im wesentlichen auf die erhöhte Oberflächendiffussionsfähigkeit der kondensierenden Teilchen zurück zuführen. Ein stengliges Wachstum kann weitgehend verhindert werden. Es bilden sich größere Kristallite, die den Zusammenhalt der Schicht in sich mit zunehmender Biasspannung begünstigen. In der Abbildung 6.48 ist am Beispiel von AlO_X der Einfluß der Biasspannung auf die Schichtstruktur dargestellt. Deutlich zu erkennen ist, daß die Schichten zunehmend kompakter werden. Brüche in der Schicht werden durch den Verschleiß dann immer unwahrscheinlicher. Damit wird aber die Ausbildung von Mikroinseln erschwert, so daß es seltener zu Abplatzungen kommt. Ab einer gewissen Ionenenenrgie sinkt die Haftfestigkeit wieder ab. Dies hat vermutlich zwei Ursachen. Erstens wird das Substrat während der Beschichtung stärker erwärmt. Dies kann zum einen zu Oberflächendefekten im Polymer und zum anderen, bedingt durch die sehr unterschiedlichen thermischen Ausdehnungskoeffizienten des Substrats und des Schichtmaterials, zu erhöhten Spannungen in der Schicht und im Interface führen. Die über den Punkt der maximalen Haftfestigkeit noch abfallenden Streulichtwerte sind vermutlich auf die in ihrem Aufbau immer noch kompakter werdenden Schichten und der Anstieg nach Durchschreiten des Minimums ist auf die zunehmende Aufrauhung der Polymeroberfläche zurückzuführen (vgl. Abb. 6.48/a mit Abb. 6.48/e).

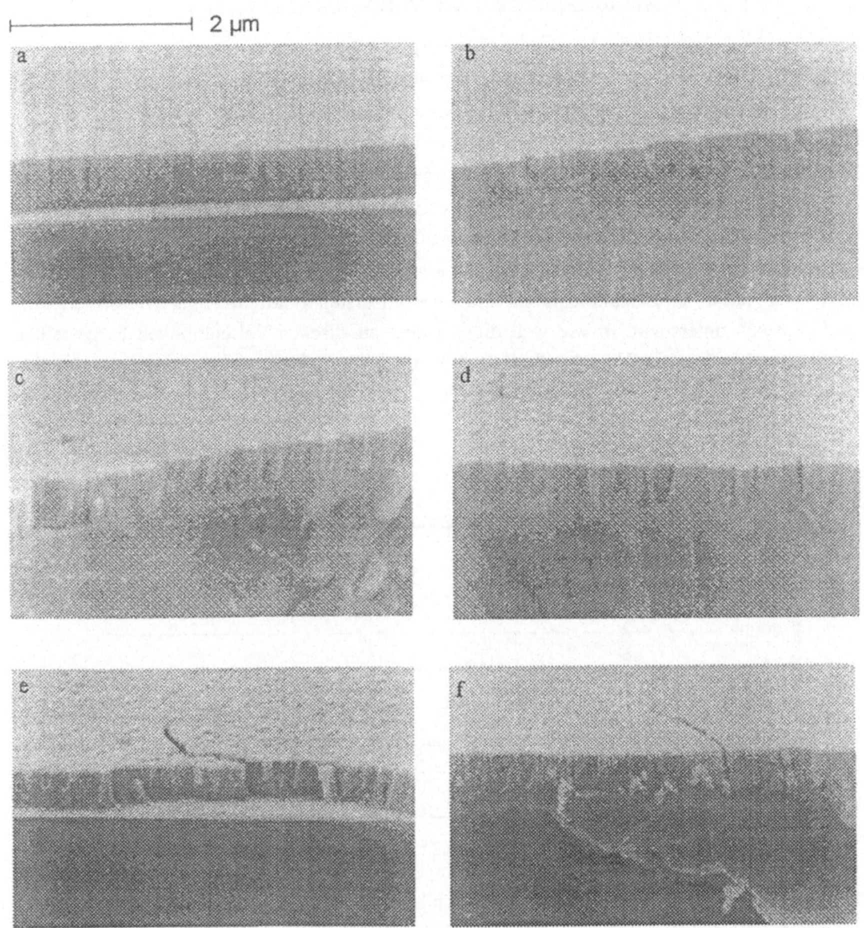

Abb.: 6.48: AlO_X-Schichten abgeschieden auf einem Siliziumwafer bei unterschiedlichen Biasspannungen; a) 0 V, b) 100 V, c) 150 V, d) 200 V, e) 250 V, f) 275 V

7 Anwendungen

Es hat sich herausgestellt, daß die mit dem anodischen Arc abgeschiedenen Schichten für transparentes Polycarbonat einen wirksamen Verschleißschutz bieten können. Im folgenden Kapitel sollen die in dieser Arbeit gewonnenen Ergebnisse auf industrielle Anwendungen übertragen und möglich Anwendungen diskutiert werden.

7.1 Verschleißschutzschichten für Motorradhelmvisiere

Motorradhelmvisiere werden heute meist aus dünnen 1 bis 2 mm starken Polycarbonatplatten hergestellt. Schon nach kurzer Gebrauchsdauer wird die „Durchsichtigkeit" durch Kratzer und die damit bedingte Zunahme an Streulicht stark herabgesetzt, so daß im Hinblick auf die Verkehrssicherheit die Visiere ausgewechselt werden müssen. Um die Gebrauchsdauer zu erhöhen werden heute auf dem Markt hochwertige Polycarbonatvisiere mit einer Kratzfestbeschichtung angeboten. Bei dieser Kratzfestbeschichtung handelt es sich um einen organischen Kratzfestlack. Ein großer Nachteil dieser organischen Kratzfestlacke ist, daß diese gegen Benzindämpfe nicht genügend chemisch resistent sind. Metalloxide sind im Gegensatz dazu chemisch sehr stabil. In Zusammenarbeit mit einem Hersteller hochwertiger Motorradhelme, wurde deshalb untersucht, in wie weit die mit dem anodischen Vakuumbogen hergestellten Metalloxidschichten als Verschleißschutz für die Motorradhelmvisiere eingesetzt werden können.

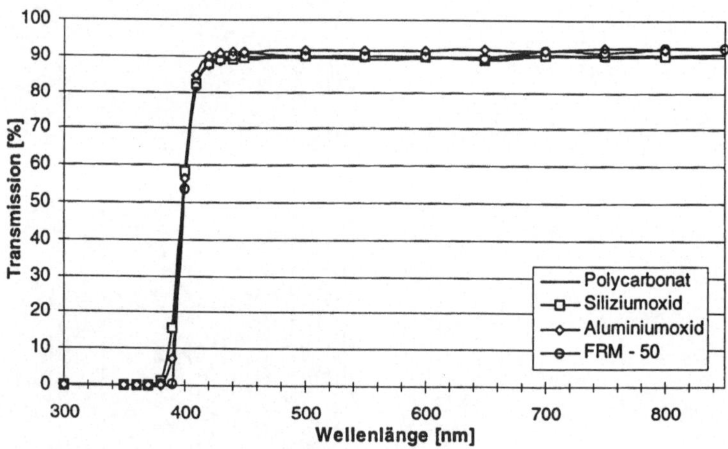

Abb. 7.1: Transmission der verschiedenen Systeme

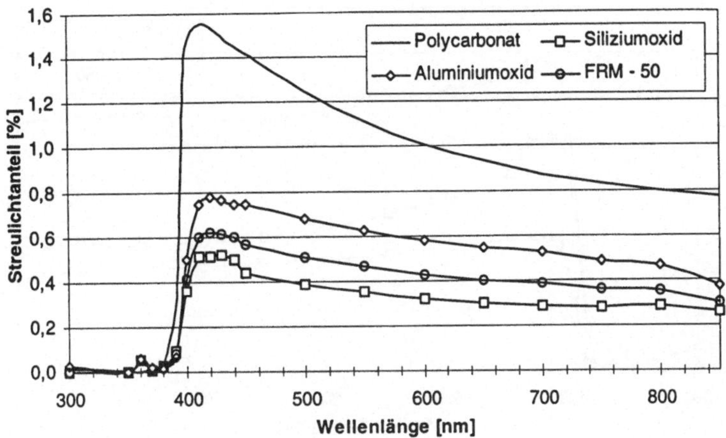

Abb. 7.2: Streulichtanteil in der Transmission der verschiedenen Systeme vor dem Sandrieseltest

Um die Verschleißfestigkeit der Systeme zu charakterisieren, wird in der Industrie das Reibradverfahren angewandt (vgl. Kapitel 2.3.3). Der Grund dafür ist, daß das Reibradverfahren eher den realen Verschleiß beschreibt. Es wird angenommen, daß der Verschleiß hauptsächlich durch das Abreiben des Visiers mit dem Motorradhandschuh und weniger durch Beschuß von Partikeln während des Gebrauchs verursacht wird. Im folgenden werden die optischen Eigenschaften der Systeme Polycarbonat/Kratzfestlack (FRM - 50) und Polycarbonat/SiO_X sowohl vor als auch nach einer Verschleißbeanspruchung miteinander verglichen (vgl. Abb. 7.1 - 7.4).

In den Abbildungen 7.1 und 7.2 sind die Transmissionskurven und die Streulichtkurven vor der Verschleißbeanspruchung dargestellt. Dabei ist festzustellen, daß die Transmission wenig beeinflußt und der Streulichtanteil durch die Beschichtung sowohl mit einem Kratzfestlack als auch mit den Metalloxidschichten sinkt.

In den nachfolgenden Abbildungen ist zum einen der Streulichtanteil in der Transmission nach dem Sandrieseltest (vgl. Abb. 7.3) in Abhängigkeit von der Wellenlänge und zum anderen der Streulichtanteil bei 600 nm nach einem Reibradtest (vgl. Abb. 7.4) in Abhängigkeit von der Anzahl Umdrehungen dargestellt. Dabei wurden die im vierten Kapitel beschriebenen Parameter eingestellt.

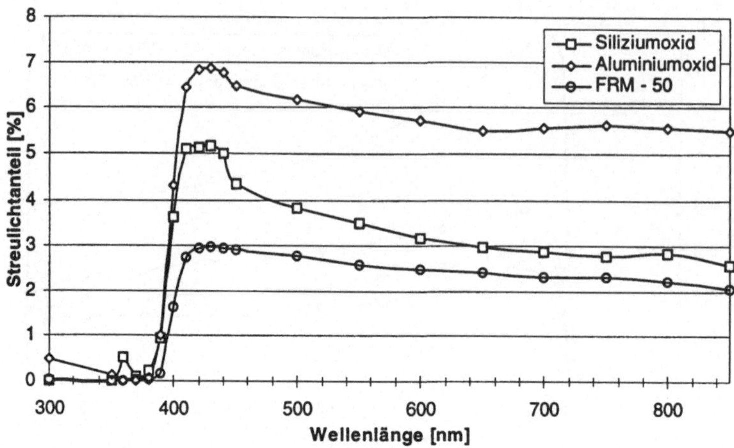

Abb. 7.3: Streulichtanteil in der Transmission der verschiedenen Systeme nach dem Sandrieseltest

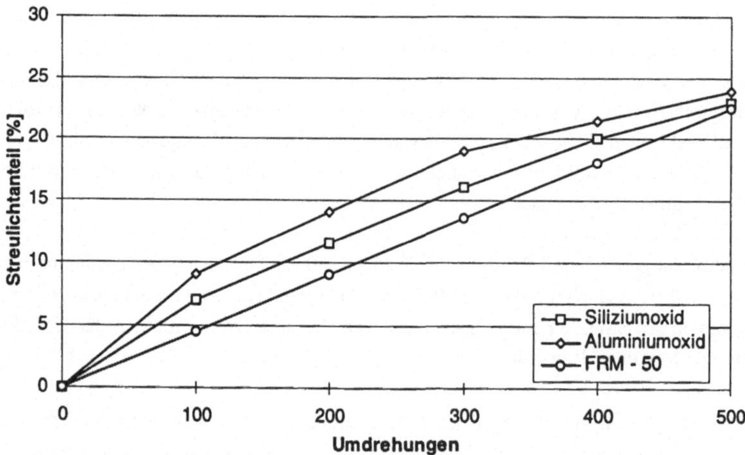

Abb. 7.4: Streulichtanteil in der Transmission der verschiedenen Systeme nach dem Reibradtest

Die Kriterien aus der Industrie für eine den Verschleißanforderungen genügende Beschichtung ist eine Zunahme des Streulichts von weniger als 10% nach 100 Umdrehungen mit dem Reibradtest. Diese Forderung wird von den Metalloxidschichten erfüllt. Es hat sich herausgestellt, daß die Verschleißbeständigkeit der Metalloxidschichten annähernd den Wert des Kratzfestlackes der Serienvisiere erreichen. Die Kratzfestlacke sind um ein vielfaches duktiler als die Metalloxidschichten und sind deshalb gerade bei schlagartiger Verschleißbeanspruchungen, wie sie der Sandrieseltest verursacht, besser geeignet. Bei einer mehr reibenden Beanspruchung nähern sich die Verschleißbeständigkeit der Metalloxidschichten denen der Kratzfestlacke an. Für eine Umsetzung in eine Serienfertigung müßte allerdings das Verfahren, ausgehend vom Labormaßstab wie es in der vorliegenden Arbeit verwendet wurde, auf große Durchsatzleistungen skaliert werden. Untersuchungen müßten dann die Reproduzierbarkeit der Ergebnisse in einem engen Fenster nachweisen. Bei der Aufskalierung sind neben den technischen auch betriebswirtschaftliche Aspekte zu betrachten, da gerade diese ein wichtiges Kriterium für den industriellen Einsatz eines neuen Verfahrens sind.

7.2 Verschleißschutzschichten in der Automobilindustrie

Seit Jahren diskutieren Automobildesigner über die Möglichkeiten, Glas durch Kunststoff zu ersetzen. Kunststoffe sind leichter, bieten aufgrund ihrer größeren Schlagzähigkeit mehr Sicherheit und erlauben mehr Freiheit in der Gestaltung.

Beim Ersatz von Verbundsicherheitsglas mit einer Wanddicke von 4 mm durch 5 mm dickes Polycarbonat nimmt die Masse von 10 kg/m^2 auf 6 kg/m^2 ab. Bei einem Mercedes der C-Klasse mit einer Verglasungsfläche von 4,5 m^2 würde dabei die Masse der Scheiben um etwa 17 kg oder rund 40% sinken. Aus diesem Grund wird der Einsatz von Materialien mit geringer Masse angestrebt, mit denen sich der Verbrauch bei gleicher Leistung der Motoren reduzieren läßt.

Dies gilt insbesonders für sogenannte "Citycars", bei denen sich jedes eingesparte Kilogramm bemerkbar macht. Elektroautos werden daher auch die Trendsetter sein, wenn es darum geht, Kunststoff als Ersatz für Glas in der Automobilindustrie einzuführen. Der Kunststoff könnte nicht nur die Gesamtmasse reduzieren, sondern auch konstruktive Funktionen übernehmen. So könnte ein komplettes Seitenteil der Karosserie mit dem Fenster aus "einem Guß" aus Kunststoff produziert werden, das lediglich im unteren Teil lackiert würde. Die Heckklappe ließe sich so kostengünstig, flexibel und aerodynamisch günstig gestalten.

Damit Polycarbonat als Ersatz für Glas im Automobilbereich eingesetzt werden kann, muß dieses verschleißfest beschichtet werden. Die folgende Abbildung zeigt als Beispiel eine Streuscheibe aus Polycarbonat eines Automobils mit einer transparenten AlO_X-Schicht beschichtet.

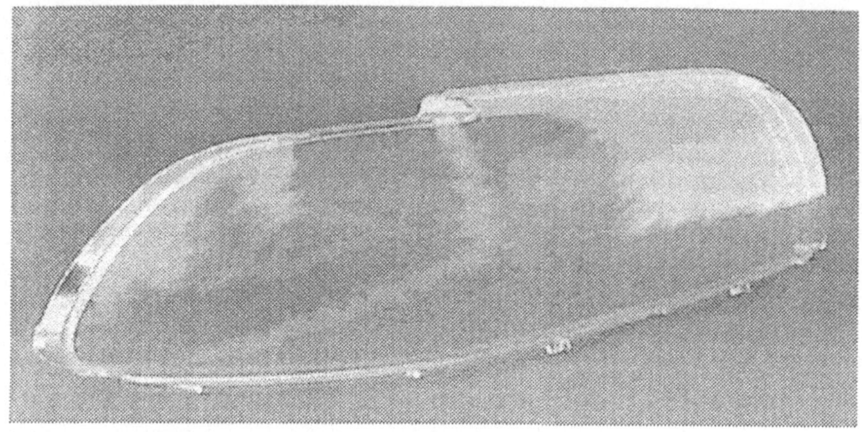

Abb. 7.5: AlO_X beschichtete Streuscheiben für Automobilscheinwerfer

7.3 Verschleißschutzschichten in der Leuchtmittelindustrie

Reflektoren in der Leuchtmittelindustrie werden zunehmend aus Kunststoff gefertigt. Gründe hierfür sind zum einen ökonomischer Natur aber auch die Tatsache, daß sich mit Kunststoffspritzteilen kompliziert geformte Bauteile auf einfache Weise herstellen lassen. Diese Formteile werden dann mit einer dünnen Aluminiumschicht bedampft, um ihre Reflexion zu erhöhen. Um die Beständigkeit des Aluminiums zu gewährleisten, werden diese in einem zweiten Arbeitsschritt lackiert. Mit dem anodischen Vakuumbogen ist es möglich, die Aluminiumschicht sowie die Schutzschicht in einem Arbeitschritt abzuscheiden. Die nachfolgende Abbildung zeigt einen Reflektor, der mit dem System Aluminium/Aluminiumoxid beschichtet ist.

Abb. 7.6: Kunststoffformteil mit dem System Aluminium/AlO_x beschichtet

7.4 Weitere mögliche Anwendungen

Mögliche Anwendungen für die in dieser Arbeit entwickelten Metalloxidschichten sind überall dort zu finden wo ein Verschleiß auftritt, der die optischen Eigenschaften des gesamten Systems verschlechtert. Genannt werden können z.B. das Beschichten von Linsen für Kunststoffbrillen, das Herstellen von Spiegeln in einem Arbeitsgang oder aber auch das Beschichten von Folien für die Displaytechnik. Generell müssen aber die Schichten auf die speziellen Anwendungen angepaßt werden. Das gesamte tribologische System, bestehend aus Schicht, Gegenkörper und Umgebungsbedingungen muß dabei berücksichtigt werden. Ob die Schicht den Anforderungen genügen können, muß von Anwendungsfall zu Anwendungsfall entschieden werden.

8 Zusammenfassung und Ausblick

Der anodische Vakuumbogen als relativ neues PVD-Verfahren stellt eine rein metallische Plasmaquelle dar, die einen im Bereich von 1% bis 30% einstellbaren Ionisationsgrad besitzt. Die kinetische Energie der kondensierenden Metallionen liegt in der Größenordnung einiger Elektronenvolt. Aufgrund des im Vergleich zum Sputtern viel höheren Ionisationsgrades eröffnet sich hier die Möglichkeit, die kinetische Energie der kondensierenden Ionen durch das Anlegen einer Biasspannung an das Substrat gezielt zu vergrößern und damit die Schichteigenschaften, wie z.B. die Haftung und die Verschleißbeständigkeit zu verbessern, bzw. die thermische Belastung des Kunststoffes während der Beschichtung zu beeinflussen. Die wenigen wissenschaftlichen Arbeiten auf diesem Gebiet befassen sich hauptsächlich mit der plasmaphysikalischen Beschreibung des anodischen Bogens und den Transportvorgängen von Teilchen in Metalldampfplasmen (vornehmlich in Kupferdampfplasmen).

Es wurde deshalb erstmalig untersucht, inwieweit sich die Vorteile, bekannt aus dem nichtreaktiven Betrieb des anodischen Plasmas, auf eine reaktive Prozeßführung zur Abscheidung von Metalloxidschichten umsetzen lassen. Dazu wurde der anodische Vakuumbogen durch geeignete Wahl der Reaktivgaszuführung, der Tiegelmaterialien und der Beschichtungsparameter in einen reaktiven Prozeß überführt. Am Beispiel verschiedener Metalloxidschichten (SiO_X, AlO_X, SnO_X und MgO_X) auf Polycarbonat wird der Einfluß der Plasmamodifikation und der Beschichtungsparameter auf die Haftfestigkeit, die Verschleißbeständigkeit und die Schichtstruktur dargelegt.

Polymeroberflächen können nur dann haftfest beschichtet werden, wenn diese in geeigneter Weise modifiziert werden. Eine Korrelation zwischen dem polaren Anteil der Oberflächenenergie des Polymers und der Haftfestigkeit der abgeschiedenen Metalloxidschichten konnte festgestellt werden. Des weiteren hat sich herausgestellt, daß eine Mikrostrukturierung der Substratoberfläche zu höheren Haftungen der Metalloxidschichten führt.

Bei den verwendeten Polycarbonatproben findet die größte Veränderung der freien Oberflächenenergie in den ersten 30 Sekunden der Plasmabehandlung statt. Bei längeren Behandlungszeiten können nur noch geringfügige Veränderungen beobachtet werden. Innerhalb der ersten 30 Sekunden verringert sich der Kontaktwinkel von einem Anfangswert von 78,9° der unbehandelten Probe auf Werte um die 30°.

Maßgeblich für die Verringerung des Kontaktwinkels gegenüber der aufgetragenen polaren Flüssigkeit ist, daß das Plasma auf die Polymeroberfläche stark oxidierend wirkt und den polaren Anteil der freien Oberflächenenergie durch Anlagerung polarer Gruppen (im wesentlichen Carboxyl- und Hydroxylgruppen) erhöht. Schon nach kurzer Zeit tritt eine Sättigung an der Oberfläche ein. Längere Behandlungszeiten ergeben dann nur noch geringfügige bis keine Veränderungen. Im Gegensatz dazu wird der Einfluß der Plasmamodifikation auf die Oberflächenstruktur erst nach einer längeren Modifikationsdauer erkennbar. Es hat sich herausgestellt, daß neben der Oberflächenpolarität auch die Topographie die Haftfestigkeit der abgeschiedenen Schichten beeinflußt. Die erzeugte Mikrostruktur scheint als mechanische Verankerung im Interface zwischen Schicht und Substrat zu fungieren. Dies deckt sich mit Modellen, die von *Ohring* und *Mattox* für die Haftung von Metallen auf Kunststoffen entwickelt worden sind. Des weiteren wird die ursprüngliche Polycarbonatoberfläche durch die Plasmamikrostrukturierung in einem nicht unerheblichem Maß vergrößert. Bei der Messung der Haftfestigkeit mit dem im zweiten Kapitel beschriebenen Stirnabzugtest, wird die Abzugkraft auf die abgezogene makroskopische Fläche bezogen. Es ist deshalb zu vermuten, daß außer der mechanischen Verankerung auch die größere Fläche für die Haftfestigkeitssteigerung verantwortlich ist.

Für die reaktive Abscheidung von Metalloxidschichten mit dem anodischen Lichtbogen wurde folgendes Parameterfenster zur Abscheidung transparenter Metalloxidschichten gefunden (vgl. Tab. 8.1).

Schicht-system	Bogenstrom [A]	Sauerstoff-fluß [sccm]	Bogen-spannung [V]	Aufwachs-rate [nm/s]	Plasma-farbe	maximale Schichtdicke [µm]
SiO_X	50-65	120-180	20-22	4 - 6	hellgelb	1,8
AlO_X	45-60	450-550	17-18	8 - 12	blau-türkis	3
SnO_X	40-50	270-420	16-17	7 - 11	orange	3,5
MgO_X	35-50	500-550	19-20	5 - 15	grün	2

Tabelle 8.1: Prozeßparameter und Randbedingungen bei der Abscheidung von Metalloxidschichten mit dem anodischen Lichtbogen

Mit zunehmender Biasspannung wird die Energie der auf die Polymeroberfläche auftreffenden Ionen größer. Ionen können in das Polymer implantiert werden und erhöhen so die Haftfestigkeit. Verfahrensbedingt haben auch die Neutralteilchen eine höhere gerichtete Energie. Die erhöhte Energie der Ionen (Abhängig von der Biasspannung) und der Neutralteilchen bewirken, daß die Schichten zunehmend kompakter aufgebaut sind. Ab einer bestimmten Biasspannung sinkt die Haftfestigkeit wieder ab. Dies hat vermutlich zwei Ursachen: Erstens wird das Substrat während der Beschichtung thermisch stärker belastet. Dies kann zum einen zu Oberflächendefekten im Polymer und zum anderen, bedingt durch die sehr unterschiedlichen thermischen Ausdehnungskoeffizienten des Substrats und des Schichtmaterials, zu erhöhten Spannungen in der Schicht und im Interface führen. Zweitens wird das Polymer durch den Beschuß mit hochenergetischen Ionen an der Oberfläche zersetzt und es kommt zu einer, bezüglich der Haftung, schlechten Interfaceausbildung.

Sowohl für bipolar als auch für unipolar gepulste Biasspannungen steigt die Haftfestigkeit schon bei kleinen Spannungsamplituden stark an. Nach Überschreitung eines maximalen Wertes nimmt die Haftfestigkeit wieder ab und stabilisiert sich auf einem Wert wenig über dem Ausgangszustand. Ab einer gewissen Spannungsamplitude kommt es, sowohl bei einer bipolaren als auch bei einer unipolaren Anregung zu Überschlägen (Bogenentladungen), sogenannten "Arc's", und die Spannung kann dann nicht mehr gesteigert werden. Die Strom -Spannungs-Kennlinie einer Niederdruckentladung stellt die Bogenentladung als die energetisch günstigere Variante zum Aufrechterhalten des Stromflusses dar. Das Plasma ist deshalb immer bestrebt in diesen Zustand zu gelangen. Es hat sich herausgestellt, daß mit einer bipolar gepulste Biasspannung bei allen betrachteten Metalloxiden ein besseres Ergebnis im Bezug auf die Haftfestigkeit im Vergleich zur unipolar gepulsten Biasspannung erzielt werden kann. Dies ist im wesentlichen auf die dielektrischen Eigenschaften der abgeschiedenen Schichten zurückzuführen. Während der Beschichtung laden sich die abgeschieden Schichten, durch den andauernden Beschuß mit positiven Ionen positiv auf. Das ursprüngliche elektrische Feld zwischen Substratteller und Plasma wird durch ein Gegenfeld zunehmend geschwächt. Die Energie mit der die Ionen auf der Oberfläche auftreffen nimmt ab. Der Ionenbeschuß während der Beschichtung beeinflußt aber in einem nicht unerheblichem Maß die Schichteigenschaften. Durch einen kurzen positiven Impuls wie dies bei der bipolaren Biasspannung der Fall ist, kann dieses Gegenfeld vernichtet werden. Der positive Impuls initiiert zwei Dinge. Zum einen werden positive Ladungsträger an der obersten Schicht abgesprengt und zum anderen werden Elektronen aus dem Plasma zunehmend auf die Substratoberfläche beschleunigt. Diese beiden Vorgänge laufen gleichzeitig ab und zerstören das Gegenfeld. Von großem Einfluß auf die Haftfestigkeit ist die Qualität des Interfaces zwischen Schicht und Substrat, also die Haftfestigkeit der ersten abgeschiedenen Monolagen. Zu diesem Zeitpunkt beginnt sich das beschrieben Gegenfeld erst aufzubauen, so daß es auch bei unipolarer Biasspannung zu einer Haftfestigkeitssteigerung kommt. Diese fällt aber bei weitem nicht so groß aus wie die bei einer bipolaren Biasspannung.

Generell kann für alle in dieser Arbeit betrachteten Systeme festgestellt werden, daß mit zunehmender Haftfestigkeit die Verschleißeigenschaften verbessert werden. Für die Systeme SiO_X und SnO_X wird bei zunehmender Biasspannung das Minimum der Verschleißfestigkeit erst nach dem Erreichen der maximalen Haftfestigkeit erreicht. Bei der AlO_X-Schicht wird bei einer Biasspannung von 200 V das Maximum an Haftfestigkeit und das Minimum an Verschleiß erreicht.

Mit steigender Ionenenergie fällt der Anteil des Streulichts in der Transmission anfänglich ab und steigt nach durchlaufen eines Minimums wieder mit einer geringeren Steigung an. Die Lage des Minimums ist dabei abhängig von dem betrachteten Schichtsystem. Die Schichten sind in ihrem Aufbau wesentlich kompakter. Das erklärt auch die anfängliche Abnahme des Streulichts in der Transmission. Gleichzeitig wird die Oberfläche des Polymers und der

Schicht durch den Beschuß mit energiereichen Ionen aufgerauht. Mit zunehmender Biasspannung wird der Einfluß der Aufrauhung größer und der Streulichtanteil steigt dann wieder an.

Das System Polycarbonat/SiO_X bietet den besten Verschleißschutz gegen den Sandrieseltest nach DIN 52 348. Die AlO_X-Schichten erreichen ähnlich gute Verschleißeigenschaften, allerdings erst bei etwas größeren Biasspannungen.

Die abgeschiedenen Magnesiumoxidschichten zeigen gegenüber den anderen Systemen sowohl im Bezug auf die Haftfestigkeit als auch im Bezug auf die optischen Eigenschaften ein atypisches Verhalten. Dies ist auf die Ausbildung von kugelförmiger Erhebungen an der Oberfläche zurückzuführen.

In der Arbeit konnte gezeigt werden, daß der anodische Vakuumbogen geeignet ist, qualitativ hochwertige transparente Verschleißschutzschichten auf Basis von Metalloxidschichten abzuscheiden. Die Ergebnisse der Untersuchungen konnten auf industrielle Anwendungen, wie das Beschichten von Motorradhelmvisieren, Reflektoren und Streulichtscheiben übertragen werden. Die Verschleißeigenschaften der Metalloxidschichten sind mit den derzeitig in der Industrie eingesetzten organischen Kratzfestlacken vergleichbar und erfüllen die Kriterien aus der Industrie für eine den Verschleißanforderungen genügende Beschichtung. Ein großer Vorteil der Metalloxide ist die im Vergleich zu organischen Lacken höhere chemische Beständigkeit. Eine harte und damit kratzunempfindliche Schicht kann ihr volles Potential nur erreichen, wenn sie auf das Substrat abgestimmt ist. Die Verschleißuntersuchungen die in dieser Arbeit durchgeführt wurden, bestätigen diese Aussage.

Bei sämtlichen Systemen ist der Hauptanteil der Streulichtzunahme auf das Einbrechen und Abplatzen der im Vergleich zum Substrat sehr spröden und harten Schichten zurückzuführen. Dieses Verhalten, auch aus anderen Bereichen der Dünnschichttechnik bekannt und als „Eierschaleneffekt" bezeichnet, kann auf die Eigenspannungen im Interface, hervorgerufen durch sehr stark differierende thermische Ausdehnungskoeffizienten und den abrupten Sprung physikalischer Materialeigenschaften im Interface, wie Duktilität und Härte, zurückgeführt werden. Durch die Einbrüche entstehen Mikrorisse, die dann zu Beeinträchtigungen in der Transmission führen. Diese Mikrorisse bilden sich bedingt durch Eigenspannungen in den Schichten weiter aus. Dies führt dazu, daß die Schicht in ihrem Zusammenhalt gestört ist. Es bilden sich Mikroinseln auf dem Substrat, die dann leicht abplatzen können. Der abrasive Verschleiß der Metalloxidschichten spielt dagegen nur eine untergeordnete Rolle. Weitergehende Untersuchungen müssen daher auf die Ausbildung einer Gradientenschicht zwischen Substrat und Metalloxidschicht ausgerichtet sein. Erfolgversprechend ist in diesem Zusammenhang die Variation der Beschichtungsparameter noch während des Schichtaufbaus. Mit der Ausbildung eines kontinuierlichen Übergangs der Materialeigenschaften zwischen Substrat und Verschleißschutzschicht sollte sich dann die Verschleißfestigkeit weiter erhöhen lassen.

9 Literaturverzeichnis

[Adams 89] Adams, K. H.: Die chemische Vorbehandlung von Kunststoffoberflächen mit wäßrigen Systemen. In: metalloberfläche 43 (1989) 8, S. 367-371

[Aul 96] Aul, R.: Galvanik und PVD, zwei konkurrierende Verfahren? In: metalloberfläche 50 (1996), S. 806 - 808

[Becker 97] Becker, K.-J.: Brillenoptische Komponenten und Referenzstandards. In: Berichtsband zum Statusseminar „Oberflächen- und Schichttechnologien“ 1997 in Würzburg, Bd. 1, S. 397 - 401

[Beister 92] Beister, G.: Beschichtungen durch Zerstäuben von Festkörpern. In: Plasmabeschichtungsverfahren und Hartstoffschichten / Rother, B.; Vetter, J. (Hrsg.). 1. Aufl. Leibzig: Dt. Verlag für Grundstoffindustrie, 1992, S. 91 - 100

[Boone 93] Boone, L.: Metallisieren und Strukturieren von Spritzgießteilen mit integrierten Leiterzügen. In: 15. Ulmer Gespräche – Kunststoffmetallisierung und leitende Polymere. Saulgau: Eugen G. Leuze Verlag, 1993

[Broszeit 78] Broszeit, E.; Gabriel, H. M.: Beschichten nach den PVD-Verfahren. In: Z. Werkstofftechnik 9 (1987), S. 289-297

[Brunhold 97] Brunhold, A.; Kleinert, F.; Schnabel, R.; Marinow, S.: Modifizieren von Polymeren im Niederdruckplasma, Teil 1: Verbesserung der Haftfestigkeit von Lackierungen, Gasphasenprozesse. In: metalloberfläche 51 (1997) 1, S. 37- 42

[Bunshah 72] Bunshah, R. F.; Raghuram, A. C.: In: J. Vac. Sci. Technol. 9 (1972), S. 1385

[Craig 81] Craig, S.; Harding, G. L.: Effects of argon pressure and substrate temperature on the structure and properties of sputtered copper films. In: J. Vac. Sci. Technol. 19 (1981), S. 205 - 215

[Dimigen 94] Dimigen, H.: Plasmaunterstützte Beschichtung: Potential und Zukunft. In: metalloberfläche 48 (1994) 9, S. 678 - 684

[Ebneth 91] Ebneth, H.; Riedel, W.: Galvanische Verfahren. In: Kunststoff-Metallisierung – Handbuch für Theorie und Praxis. Saulgau: Eugen G. Leuze Verlag, 1991, S. 43 - 65

[Ehrich 90a] Ehrich, H.; et al.: Plasma deposition of thin films utilizing the anodic Vacuum Arc. In : IEEE Transactions on Plasma Science, Vol. 18, No. 6, December 1990

[Ehrich 90b] Ehrich, H.; Hasse, B.; Mausbach, M.; Müller, K. G.: The anodic vacuum arc and ist application to coating. In: J. Vac. Sci. Technol. A8 (3), May/June 1990, S. 2160 - 2164

[Ehrich 88a] Ehrich, H.: The anodic vacuum arc, I. Basic construction and phenomenology. In: J. Vac. Sci. Technol. A6 (1), Jan/Feb 1988, S. 134 - 138

[Ehrich 88b] Ehrich, H.; Hasse, B.; Müller, K. G.; Schmidt, R.: The anodic vacuum arc, II. Experimental study of arc plasma. In: J. Vac. Sci. Technol. A6 (4), July/Aug 1988, S. 2499 - 2503

[Ehrich 88c] Ehrich, H.: Vacuum Arcs with Consumable Anodes and their Application to Coating. In: Vakuum-Technik, 37. Jg., 6 (1988), S. 176 - 182

[Ehrich 90a] Ehrich, H.; et al.: Plasma deposition of thin films utilizing the anodic Vacuum Arc. In : IEEE Transactions on Plasma Science, Vol. 18, No. 6, December 1990

[Ehrich 90b] Ehrich, H.: et al.: The anodic Vacuum Arc and its application to coating. In: J. Vac. Sci. Technol. A 8 (1990) 3, S. 2160-2164

[Ehrich 91] Ehrich, H.: Beschichten von Kunststoffen mit dem anodischen Lichtbogen. In: Dünne Schichten 2 (1991), S. 22 - 27

[Engel 82] Engel, L.; Klingele, H.: Rasterelektronenmikroskopische Untersuchungen von Metallschäden. 2. Aufl.. München, Wien: Carl Hanser Verlag, 1982, S. 10-19

[Ertürk 89] Ertürk, E,; Heuvel, H.-J.: Dederichs, H. G.: Arc-Technik zum Erzeugen von Verschleißschutz-Hartstoffschichten. In: metalloberfläche 43 (1989) 5, S. 237 - 240

[Feldmann 96] Feldmann, K.; Beitinger, G.: PVD versus Galvanik: Ein ökonomischer Vergleich. In: metalloberfläche 50 (1996) 5, S. 400 - 402

[Fountzoulas 91] Fountzoulas, C.; Nowak W. B.: Influence of ion energy and substrate temperature on the structure of copper, germanium, and zinc films produced by ion plating. In: J. Vac. Sci. Technol. A 9 (1991), S. 2128 - 2137

[Franck 96] Franck, A.: Kunststoff-Kompendium: Herstellung, Aufbau, Verarbeitung, Anwendung, Umweltverhalten und Eigenschaften der Thermoplaste,

Polymerlegierungen, elastomere und Duroplaste. 4., neubearb. und erw. Aufl.. Würzburg: Vogel, 1996.

[Franz 94] Franz, G.: Oberflächentechnologie mit Niederdruckplasmen. 2. Aufl.. Berlin; Heidelberg; New York; London; Paris; Tokyo: Springer-Verlag, 1994

[Frey 87] Frey, H.; Kienel, G.: Dünnschichttechnologie. Düsseldorf: VDI-Verlag, 1987.

[Frohn 79] Frohn, A.: Einführung in die kinetische Gastheorie: Studienbuch für Studierende der Ingenieurwissenschaften, der Physik un der Physikalischen Chemie. Wiesbaden: Akademische Verlagsgesellschaft, 1979

[Gräf 97] Gräf, R.: Kreislaufwirtschafts- und Abfallgesetz: Zu erwartende Auswirkungen auf Galvanikbetriebe. In: metalloberfläche 51 (1997), S. 21 - 26

[Gramm 91] Gramm, A.: Umweltfreundliches Reinigen und Entfetten mit neuartiger, geschlossener Anlagenkonzeption. In: Surtec Berlin 1991, Internationaler Kongress für Oberflächentechnik, 25.-27. November 1991, S. 439-447.

[Grünwald 94] Grünwald, H.; Stipan, G.: Plasmareinigen und -vorbehandeln: Entwicklungsstand und Trends, Teil 1. In: metalloberfläche 48 (1994) 9, S. 615 - 621

[Gwinner 92] Gwinner, D.: Beschichten von Kunststoffen mittels PVD-Verfahren. In: Werkstoff und Innovation 2 (1992) 5 S. 46 - 49

[Haefer 87] Haefer, R. A.: Oberflächen- und Dünnschicht-Technologie: Teil I Beschichtungen von Oberflächen. Berlin; Heidelberg; New York; London; Paris; Tokyo: Springer-Verlag, 1987

[Hasse 92] Hasse, B.: Untersuchung des anodischen Vakuumbogens. Essen, Universität-GH Essen, Diss., 1992

[Hasse 96] Hasse, B.; Markschläger, P.; Bauernfeind P.: Transparente, kratzfeste Schichtsysteme: Transparente Schutz- und Kratzschutzschichten auf Kunststoffplatten und -folien mittels lichtbogengestützter Prozesse. In: metalloberfläche 50 (1996) 10, S. 842 - 845

[Hasse 97] Hasse, B.; Hinz, H.-P., Müller, R.; Siefert, W.:Lichtbogengestützte Prozesse zur Beschichtung von Kunststoffen. In: Vakuum in Forschung und Praxis (1997) Nr. 3, S. 181 - 185

[Herrmann 93] Herrmann, G.: Handbuch der Leiterplattentechnik. Band 3. Saulgau: eugen G. Leuze Verlag, 1993

[Holleman 85] Holleman, A. F.; Wiberg, E.; Wiberg, N.: Lehrbuch der anorganischen Chemie. 101., verb. und stark erw. Aufl.. de Gruyter, 1995

[Ivanov 85] Ivanov, V.; Jüttner, B.; Pursch, H.: Time – Resolved measurements of the parameters of arc cathode plasmas in vacuum. In: IEEE Transactions on Plasma Science, Vol. 13, No. 5, October 1985

[Katsch 90] Katsch, H. M.; Mausbach, M.; Müller, K. G.: Investigation of the expanding plasma of an anodic vacuum arc. In: J. Appl. Phys. 8 (1990)

[Kienel 89] Kienel, G.: PVD-Verfahren zur Beschichtung technischer Oberflächen. In: wt Werkstattstechnik 79 (1989) 224 - 227

[Kienel 90] Kienel, G.: Plasmagestützte Vakuumbeschichtungsverfahren - Verfahrensvarianten und Entwicklungstendenzen. In: Vakuum in der Praxis (1990) Nr.1, S. 16 - 20

[Kienel 94] Kienel, G.: Vakuumbeschichtung 3: Anlagenautomatisierung Meß- und Analysentechnik. Düsseldorf: VDI-Verlag, 1994

[Kobajaski 87] Kobajaski, M.; Doi, Y.: Thin Solid Films 54 (1987), S. 57

[Leiber 92] Leiber, J.; Londschien, M.; Telgenbüscher, K.; Michaeli, W.: Plasmapolymerisation – Ein Verfahren für viele Anwendungen. In: Vakuum in Forschung und Praxis (1992) Nr. 1, S. 22 - 29

[Liebel 91] Liebel, G.: Erfahrungen mit der Plasmavorbehandlung: entfetten und Aktivieren von Oberflächen. In: metalloberfläche 45 (1991) 10, S. 443 - 449

[Lindfors 86] Lindfors, P. A.; Mulaire, W. M.; Wehner, G. K.: Cathodic Arc Deposition Technology. In: Surface and Coatings Technology 29 (1986), S. 275-290

[Madelung 89] Madelung, O. W.: Oberflächenanalyse. Düsseldorf: VDI-Verlag, 1989, S. 19-30

[Maissel 70] Maissel, L. I.: Electrical Properties of Metallic Thin Films. In: Handbook of Thin Film Technology. Maissel, L. I., Glang, R. (Hrsg.). New York: MacGraw-Hill, 1970

[Mann 94] Mann, D. A.: Plasmamodifikation von Kunststoffoberflächen zur Haftfestigkeitssteigerung von Metallschichten. Berlin u.a.: Springer, 1994. Zugl. Stuttgart, Univ., Diss., 1993

[Markschläger 95a] Markschläger, P.; Kampschulte, G.; Eckel, M.; Morlok, O.: Thin metal and SiO_x films deposited by the anodic vacuum arc technique. In: Surface and Coatings Technology 74-75 (1995) S. 838 - 843

[Markschläger 96] Markschläger, P.; Lukhaub, W.: Thin metal and metal oxide films deposited by the anodic vacuum arc technique. In: Surface and Coatings Technology 86 - 87 (1996) 279 - 284

[Markschläger 97a] Markschläger, P.; Mann, D.; Leyendecker, F.: EMV-Umweltschutz, Metallisieren verschiedener Kunststoffe. In: metalloberfläche 51 (1997), S. 28 - 31

[Markschläger 97b] Markschläger, P.; Mann, D.: Verschleißfeste Beschichtung von Kunststoffplatten. In: Berichtsband zum Statusseminar „Oberflächen- und Schichttechnologien" 1997 in Würzburg, Bd. 1, S. 441 - 448

[Mathews 81] Mathews, A.; Teer, D. S.: Thin Solid Films 80 (1981), S. 41

[Mattox 64] Mattox, D. M.: Film deposition using accelerated ions. In: Electrochemical Technology 2 (1964), S. 295 - 298

[Mattox 65] Mattox, D. M.: Interface Formation and the Adhesion of Deposited Thin Films. Albuquerque, New Mexico, USA: Sandia Corporation Monograph R 65 852, 1965, S. 1 - 20.

[Mattox 73] Mattox, D. M.: Fundamentals of ion plating. In: J. Vac. Sci. Technol. 10 (1973), S. 47

[Mausbach 90] Mausbach, M.; Erich, H.; Müller, K.: Relations between plasma properties and properties of thin copper films produced by an anodic Vacuum Arc. In: Materials Science and Engineering, A 140 (1990), S. 825-829

[Mausbach 91] Mausbach, M.; Ehrich, H.; Müller, K. G.: Relations between plasma properties and properties of thin copper films produced by an anodic vacuum arc. In: Materials Science and Engineering, A140 (1991) S. 825 - 829

[Mausbach 93] Mausbach, M.; Ehrich, H.; Müller, K. G.: Properties of thin copper films, condensed from a copper plasma with ion energies between 2 and 150 eV. In: J. Vac. Sci. Technol. B11 (5), Sep/Oct 1993, S. 1909 - 1914

[Mausbach 94] Mausbach, M.: Entwicklung eines anodischen Vakuumbogens zur Abscheidung von Cu-Schichten und Untersuchung der Korrelation zwischen Plasmaparametern und Schichteigenschaften. Essen, Universität-GH Essen, Diss., 1994

[Mausbach 95] Mausbach, M. Microstructure of copper films condensed from a copper plasma with ion energies between 2 and 150 eV. In: Surface and Coatings Technology 74-75 (1995) S. 264 - 272

[Menges 84] Menges, G.: Werkstoffkunde der Kunststoffe. 2., überarb. Aufl. München; Wien: Hanser-Verlag, 1984

[Messier 84] Messier R.; Giri A. P.; Roy R. A.: Revised structure zone model for thin film physical structure. In: J. Vac. Sci. Technol. A 2 (1984), S. 500 - 503

[Möhl 91] Möhl, W.: Kunststoffoberflächen im Plasma vorbehandelt. In: metalloberfläche 45 (1991) 5, S. 205 - 207

[Müller 87a] Müller, K. H.: Ion-beam-induced epitaxial vapor-phase growth: A molecular-dynamics study. In: Phys. Rev. (1987) B 35, S. 7906

[Müller 87b] Müller, K. H.: Rolle of incident kinetic energy of adatoms in thin film growth. In: Surface Science (1987) 184, L375

[Oberbach 95] Oberbach, K.; Meyer, B.: Kunststoff Taschenbuch. 26., neubearb. und erw. Aufl.. München; Wien: Hanser 1995

[Ohring 92] Ohring, M.: The Material Science of Thin Films. In: Academic Press (1992), 232

[Potente 78] Potente, H.: Bedeutung polarer und dispersiver Oberflächenspannungsanteile von Plastomeren und Beschichtungsstoffen für die Haftfestigkeit von Verbundsystemen. In: Farbe und Lacke 84 [1978) 2, S. 72 - 75

[Pulker 81] Pulker, H. K.; Perry, A. J.: Adhesion. In: Surface Technology 14 (1981), S. 25 - 39

[Schiller 76] Schiller, S.; u. a.: Elektronenstrahltechnologie. Berlin: Verlag Technik, 1976

[Springer 91] Springer, G. (Herausg.): Größen, Formelzeichen, Einheiten. Haan-Gruiten: Verlag Europa-Lehrmittel, 1991

[Stephan 86] Stephan, K.; Mayinger, F.: Thermodynamik: Grundlagen und technische Anwendungen, Bd. 1 Einstoffsysteme. 12., überarb. Aufl. S. 194 - 227. Berlin; Heidelberg: Springer-Verlag, 1986

[Stoeckhert 74] Stoeckhert, K.; Winterhalter, H.: Veredeln von Kunststoffoberflächen, Vakuum-Bedampfen von Kunststoff-Formteilen, S. 75 -106. München; Wien: Carl Hanser Verlag, 1974

[Suchentrunk 91] Suchentrunk, R.; u.a.: Kunststoff-Metallisierung, Handbuch für Theorie und Praxis. Saulgau: Eugen G. Leuze Verlag, 1991

[Reschke 92] Reschke, J.: Beschichtungen durch Zerstäuben von Festkörpern. In: Plasmabeschichtungsverfahren und Hartstoffschichten / Rother, B.; Vetter, J. (Hrsg.). 1. Aufl. Leibzig: Dt. Verlag für Grundstoffindustrie, 1992, S. 91 - 100

[Rother 92] Rother, B.: Plasmagestützte Bedampfung. In: Plasmabeschichtungsverfahren und Hartstoffschichten / Rother, B.; Vetter, J. (Hrsg.). 1. Aufl. Leibzig: Dt. Verlag für Grundstoffindustrie, 1992, S. 64 - 71

[Ruge 91] Ruge, I.; Mader, H.: Halbleiter-Technologie. Berlin; Heidelberg; New York; London; Paris; Tokyo: Springer-Verlag, 1991, S. 140 -144.

[Rutscher 84] Rutscher, A.; Deutsch, H.: Plasmatechnik: Grundlagen und Anwendungen. München; Wien: Hanser 1984

[Thornton 74] Thornton, J. A.: Sputter Coating – It's principles and potentials. In: SAE Transactions 82 (1974), S. 1787 - 1805

[Vossen 71] Vossen, J. L.: J. Vac. Sci. Technol. 8 (1971), S. 12

[Vancea 83] Vancea J.: Freie Elektronen in Metallschichten. Regensburg, Universität, Diss., 1982

[Warnecke 93] Warnecke, H. J.: Der Produktionsbetrieb, Bd. 2. Berlin; u.a.: Springer Verlag, 1993

[Weser 80] Weser, C.: Die Messung der Grenz- und Obeflächenspannung von Flüssigkeiten; eine Gesamtdarstellung für den Praktiker. In: GIT Fachzeitschrift für das Laboratorium, 24 (1980), S. 643-648 und S. 734-742.

[Wohlrab 95] Wohlrab, C.; Hofer, M.:Plasmapolymerisation für die Hartbeschichtung von Kunstofflinsen. In: Vakuum in Forschung und Praxis (1995) Nr. 2, S. 97 - 105

[Zettler 89] Zettler, M.; Döring E.: Stand der Verarbeitungs- und Anwendungstechnik bei langfaserverstärkten Thermoplasten. In: metalloberfläche 79 (1989) 9, S. 797-803

DIN 53 151 Gitterschnittprüfung von Anstrichen und ähnlichen Beschichtungen, Mai 1981

DIN 52 347 Verschleißprüfung – Prüfung von Glas und Kunststoff – Reibradverfahren mit Streulichtmessung, Dezember 1987

DIN 52 348 Verschleißprüfung – Prüfung von Glas und Kunststoff – Sandriesel-Verfahren, Februar 1985

IPA Forschung und Praxis

Schriftenreihe aus dem Institut für Produktionstechnik und Automatisierung, Stuttgart

Herausgeber: Prof. Dr.-Ing. Dr. h. c. mult. H.-J. Warnecke

Datenerfassung im Produktionsbereich
Von E. Bendeich. ISBN 3-7830-0117-8.
1977, 176 Seiten, kartoniert. 54,— DM

Methodenauswahl für die Materialbewirtschaftung in Maschinenbau-Betrieben
Von H. Graf. ISBN 3-7830-0136-6.
1977, 144 Seiten, kartoniert. 54,— DM

Systematische Auswahl von Förderhilfsmitteln für den innerbetrieblichen Materialfluß
Von W. Rau. ISBN 3-7830-0139-0.
1977, 103 Seiten, kartoniert. 40,— DM

Grundlagen zur Planung von Ersatzteilfertigungen
Von E. Schulz. ISBN 3-7830-0138-2.
1977, 98 Seiten, kartoniert. 40,— DM

Rechnerunterstützte Fabrikplanung
Von B. Minten. ISBN 3-7830-0116-1.
1977, 124 Seiten, kartoniert. 38,— DM

Eine Planungsmethode für automatische Montagesysteme
Von H.-G. Löhr. ISBN 3-7830-0120-X.
1977, 108 Seiten, kartoniert. 32,— DM

Planung und Bewertung von Arbeitssystemen in der Montage
Von H. Metzger. ISBN 3-7830-0131-5.
1977, 108 Seiten, kartoniert. 40,— DM

Klassifizierungssystem für Prüfmittel der industriellen Längenprüftechnik
Von R. Czetto. ISBN 3-7830-0144-7.
1978, 181 Seiten, kartoniert. 64,— DM

Rechnerunterstützte Montageplanung
Von O. Hirschbach. ISBN 3-7830-0149-8.
1978, 146 Seiten, kartoniert. 52,— DM

Rechnerunterstützte Entwicklung von Simulationsmodellen für Unternehmensplanspiele
Von A. Moker. ISBN 3-7830-0147-1.
1978, 181 Seiten, kartoniert. 64,— DM

Arbeitsplatzanalysen zur Ermittlung der Einsatzmöglichkeiten und Anforderungen an Industrieroboter
Von G. Herrmann. ISBN 37830-0151-X.
1978, 113 Seiten, kartoniert. 40,— DM

MFSP — Ein Verfahren zur Simulation komplexer Materialflußsysteme
Von G. Stemmer. ISBN 3-7830-0118-8.
1977, 140 Seiten, kartoniert. 60,— DM

Berührungslose Erkennung durch Positionsbestimmung von Objekten durch inkohärent-optische Korrelation
Von M. König. ISBN 3-7830-0137-4.
1977, 110 Seiten, kartoniert. 40,— DM

Auslegung von Störungspuffern in kapitalintensiven Fertigungslinien
Von R. v. Stetten. ISBN 3-7830-0140-4.
1977, 154 Seiten, kartoniert. 56,— DM

Flexible Transportablaufsteuerung
Von G. Römer. ISBN 3-7830-0114-5.
1977, 188 Seiten, kartoniert. 60,— DM

Rechnergestützte Realplanung von Fabrikanlagen
Von T.-K. Sauter. ISBN 3-7830-0119-6.
1977, 108 Seiten, kartoniert. 32,— DM

Systematisches Auswählen und Konzipieren von programmierbaren Handhabungsgeräten
Von R. D. Schraft. ISBN 3-7830-0115-3.
1977, 108 Seiten, kartoniert. 32,— DM

Auslandsproduktion
Von W. Cypris. ISBN 3-7830-0145-5.
1978, 126 Seiten, kartoniert. 42,— DM

Wirtschaftlicher Einsatz von Mehrkoordinatenmeßgeräten
Von M. Dietzsch. ISBN 3-7830-0148-X.
1978, 142 Seiten, kartoniert. 52,— DM

Fertigungssteuerung bei flexiblen Arbeitsstrukturen
Von K.-G. Lederer. ISBN 3-7830-0146-3.
1978, 128 Seiten, kartoniert. 42,— DM

Untersuchungen zum Polieren und Entgraten durch elektrochemisches Oberflächenabtragen
Von K. Zerweck. ISBN 3-7830-0150-1.
1978, 110 Seiten, kartoniert. 40,— DM

Stufenweise Ableitung eines praktischen Planungssystems für den Entwicklungsbereich
Von R. Hichert. ISBN 3-7830-0149-8.
1978, 151 Seiten, kartoniert. 52,– DM

Produktionsplanung mit Auftragsfamilien
Von U. W. Geitner. ISBN 3-7830-0161.7.
1979, 110 Seiten, kartoniert. 45,– DM

Thermisch-chemisches Entgraten
Von T. Wagner. ISBN 3-7830-0164-1.
1979, 111 Seiten, kartoniert. 45,– DM

Untersuchung der Materialflußkosten bei ausgewählten Systemen der Zentralen Arbeitsverteilung
Von R. Wenzel. ISBN 3-7830-0162-5.
1979, 168 Seiten, kartoniert. 86,– DM

Anpassung und Einführung eines Planungssystems für die Ablaufplanung im Konstruktionsbereich
Von W. Dangelmaier. ISBN 3-7830-0163-3.
1979, 168 Seiten, kartoniert. 80,– DM

Längenmessungen an bewegten Teilen mit berührungslos wirkenden Aufnehmern
Von H. Lang. ISBN 3-7830-0157-9
1979, 89 Seiten, kartoniert. 42,– DM

Untersuchung multistabiler Strömungselemente und ihr Einsatz in sequentiellen Steuerungen
Von A. Ernst. ISBN 3-7830-0157-9.
1979, 122 Seiten, kartoniert. 48,– DM

Taktile Sensoren für programmierbare Handhabungsgeräte
Von M. Schweizer. ISBN 3-7830-0158-7.
1979, 91 Seiten, kartoniert. 42,– DM

Die rechnerunterstützte Prüfplanung
Von P. Blasing. ISBN 3-7830-0152-8.
1979, 100 Seiten, kartoniert. 44,– DM

Verfahren zur Fabrikplanung im Mensch-Rechner-Dialog am Bildschirm
Von W. Ernst. ISBN 3-7830-0156-0.
1979, 218 Seiten, kartoniert. 72,– DM

Rechnerunterstütztes Verfahren zur Leistungsabstimmung von Mehrmodell-Montagesystemen
Von M. Gorke. ISBN 3-7830-0155-2.
1979, 139 Seiten, kartoniert 50,– DM

Standortbezogene Betriebsmittel
Von G. Pflieger. ISBN 3-7830-0167-6.
1979, 127 Seiten, kartoniert. 52,– DM

Die betriebswirtschaftliche Beurteilung neuer Arbeitsformen
Von B.-H. Zippe. ISBN 3-7830-0168-4.
1979, 350 Seiten, kartoniert. 98,– DM

Untersuchung des Arbeitsverhaltens programmierbarer Handhabungsgeräte
Von B. Brodbeck. ISBN 3-7830-0169-2.
1979, 117 Seiten, kartoniert. 48,– DM

Untersuchung eines kohärent-optischen Verfahrens zur Rauheitsmessung
Von N. Rau. ISBN 3-7830-0174-9
1979, 117 Seiten, kartoniert. 48,– DM

Entwicklung einer programmierbaren, pneumatischen Steuerung
Von D. Klemenz. ISBN 3-7830-0171-4.
1979, 93 Seiten, kartoniert. 42,– DM

IPA Forschung und Praxis

Berichte aus dem Fraunhofer-Institut für Produktionstechnik und Automatisierung, Stuttgart, und dem Institut für Industrielle Fertigung und Fabrikbetrieb der Universität Stuttgart

Herausgeber: Prof. Dr.-Ing. Dr. h. c. mult. H.-J. Warnecke

---

38 **Arbeitsgangterminierung mit variabel strukturierten Arbeitsplänen — Ein Beitrag zur Fertigungssteuerung flexibler Fertigungssysteme**
Von U. Maier. ISBN 3-540-10213-2.
1980, 111 Seiten mit 45 Abbildungen. 43,— DM

39 **Kapazitätsabgleich bei flexiblen Fertigungssystemen**
Von P. S. Nieß. ISBN 3-540-10372-4.
1980, 151 Seiten mit 57 Abbildungen. 48,— DM

40 **Schichtdickenverteilung auf galvanisierten Paßteilen am Beispiel kleiner abgesetzter Wellen und Bohrungen**
Von D. Wolfhard. ISBN 3-540-10373-2.
1980, 177 Seiten mit 83 Abbildungen. 48,— DM

41 **Planung von Mehrstellenarbeit unter Berücksichtigung von Umfeldaufgaben**
Von S. Häußermann. ISBN 3-540-10374-0.
1980, 136 Seiten mit 59 Abbildungen. 48,— DM

42 **Untersuchungen zur Schmierfilmdicke in Druckluftzylindern — Beurteilung der Abstreifwirkung und des Reibungsverhaltens von Pneumatikdichtungen mit Hilfe eines neu entwickelten Schmierfilmdicken-meßverfahrens**
Von R. Köhnlechner. ISBN 3-540-10375-9.
1980, 100 Seiten mit 38 Abbildungen und 4 Tabellen. 43,— DM

43 **Typologie zum überbetrieblichen Vergleich von Fertigungssteuerungsverfahren im Maschinenbau**
Von G. Rabus. ISBN 3-540-10376-7.
1980, 174 Seiten mit 88 Abbildungen und 21 Tafeln. 48,— DM

44 **System zur Planung des Umlaufbestandes in Betrieben mit Serienfertigung**
Von K.-G. Wilhelm. ISBN 3-540-10377-5.
1980, 142 Seiten mit 67 Abbildungen und 15 Tafeln. 48,— DM

45 **Rechnerunterstützte Arbeitsplanerstellung mit Kleinrechnern, dargestellt am Beispiel der Blechbearbeitung**
Von W. Hoheisel. ISBN 3-540-10505-0.
1981, 169 Seiten mit 74 Abbildungen. 48,— DM

46 **Beitrag zur Verbesserung der Wirtschaftlichkeit EDV-unterstützter Fertigungssteuerungssysteme durch Schwachstellenanalyse**
Von J. Lienert. ISBN 3-540-10506-9.
1981, 148 Seiten mit 37 Abbildungen. 48,— DM

47 **Die Abscheidung von Öl an Entlüftungsöffnungen drucklufttechnischer Anlagen**
Von W.-D. Kiessling. ISBN 3-540-10604-9.
1981, 117 Seiten mit 48 Abbildungen und 3 Tabellen. 43,— DM

48 **Dynamische Optimierung technisch-ökonomischer Systeme**
Von J. Warschat. ISBN 3-540-10717-7.
1981, 132 Seiten mit 60 Abbildungen. 43,— DM

49 **Bildsensor zur Mustererkennung und Positionsmessung bei programmierbaren Handhabungsgeräten**
Von H. Geißelmann. ISBN 3-540-10735-5.
1981, 125 Seiten mit 52 Abbildungen. 43,— DM

50 **Verfügbarkeitsberechnung für komplexe Fertigungseinrichtungen**
Von Ekkehard Gericke. ISBN 3-540-10779-7.
1981, 132 Seiten mit 71 Abbildungen. 43,— DM

51 **Materialflußgestaltung in Fertigungssystemen**
Von Willi Rößner. ISBN 3-540-10888-2.
1981, 149 Seiten mit 76 Abbildungen. 48,— DM

52 **Beitrag zur Analyse der Auswirkungen der Mikroelektronik, dargestellt am Beispiel der Büromaschinen-Industrie**
Von Werner Neubauer. ISBN 3-540-10991-9.
1981, 145 Seiten mit 27 Abbildungen und 47 Tabellen. 43,— DM

53 **Modelle von Informationssystemen zur kurzfristigen Fertigungssteuerung und ihre Gestaltung nach betriebsspezifischen Gesichtspunkten**
Von Roland Gentner. ISBN 3-540-10992-7.
1981, 181 Seiten mit 69 Abbildungen und 7 Tabellen. 48,— DM

54 **Entwicklung von Verfahren zur Terminplanung und -steuerung bei flexiblen Montagesystemen**
Von Jürgen H. Kölle. ISBN 3-540-11227-8.
1981, 132 Seiten mit 64 Abbildungen und 1 Faltplan. 43,— DM

55 **Arbeits- und Kapazitätsteilung in der Montage**
Von Stefan Dittmayer. ISBN 3-540-11228-6.
1981, 124 Seiten und 56 Abbildungen. 43,— DM

56 **Beitrag zur systematischen Planung der Qualitätsprüfung bei Klein- und Mittelserienfertigung**
Von Herbert Babic. ISBN 3-540-11325-8
1982, 108 Seiten mit 38 Abbildungen und 7 Tabellen. 53,— DM

57 **Methode zur rechnerunterstützten Einsatzplanung von programmierbaren Handhabungsgeräten**
Von Uwe Schmidt-Streier. ISBN 3-540-11355-X.
1982, 188 Seiten mit 72 Abbildungen. 53.– DM

58 **Werkstoff- und Energiekennwerte industrieller Lackieranlagen, am Beispiel der Automobilindustrie**
Von Rainer Manfred Thiel. ISBN 3-540-11356-8.
1982, 116 Seiten mit 59 Abbildungen. 53.– DM

59 **Maßnahmen zum Verbessern der pneumatischen Lackzerstäubung – Teilchengrößenbestimmung im Spritzstrahl –**
Von Klaus Werner Thomer. ISBN 3-540-11507-2.
1982, 162 Seiten mit 94 Abbildungen und 1 Tabelle. 53.– DM

60 **Ermittlung und Bewertung von Rationalisierungsmaßnahmen im Produktionsbereich**
Von Jürgen Schilde. ISBN 3-540-11730-X.
1982, 158 Seiten mit 57 Abbildungen. 53.– DM

61 **Untersuchung von Verfahren der Reihenfolgeplanung und ihre Anwendung bei Fertigungszellen**
Von Mohamed Osman. ISBN 3-540-11747-4.
1982, 124 Seiten mit 32 Abbildungen und 3 Tabellen. 53.– DM

62 **Ein Simulationsmodell zur Planung gruppentechnologischer Fertigungszellen**
Von Volker Saak. ISBN 3-540-11747-4.
1982, 134 Seiten mit 53 Abbildungen. 53.– DM

63 **Verfahren zur technischen Investitionsplanung automatisierter Fertigungsanlagen**
Von Günter Vettin. ISBN 3-540-11747-4.
1982, 134 Seiten mit 63 Abbildungen. 53.– DM

64 **Pneumatische Sensoren zur prozeßsimultanen Messung des Werkzeugverschleißes und zur Kollisionsvermeidung beim Messerkopffräsen**
Von Wolfgang Jentner. ISBN 3-540-11747-4.
1982, 126 Seiten mit 47 Abbildungen und 6 Tabellen. 53.– DM

65 **Rechnerunterstützte Gestaltung ortsgebundener Montagearbeitsplätze, dargestellt am Beispiel kleinvolumiger Produkte**
Von Eberhard Haller. ISBN 3-540-12015-7.
1982, 130 Seiten mit 43 Abbildungen. 53.– DM

66 **Fernsehüberwachung von Schutzgasschweißvorgängen mit abschmelzender Elektrode MIG – MAG**
Von Ruprecht Niepold. ISBN 3-540-12181-7.
1983, 178 Seiten mit 73 Abbildungen und 5 Tabellen. 58.– DM

67 **Entwicklung flexibler Ordnungssysteme für die Automatisierung der Werkstückhandhabung in der Klein- und Mittelserienfertigung**
Von Karl Weiss. ISBN 3-540-12455-1.
1983, 116 Seiten mit 68 Abbildungen. 58.– DM

68 **Automatisierte Überwachungsverfahren für Fertigungseinrichtungen mit speicherprogrammierten Steuerungen**
Von Werner Eißler. ISBN 3-540-12456-X.
1983, 128 Seiten mit 66 Abbildungen. 58.– DM

69 **Prozeßüberwachung beim Galvanoformen**
Von Jürgen Wilhelm Böcker. ISBN 3-540-12457-8.
1983, 118 Seiten mit 32 Abbildungen. 58.– DM

70 **LAPEX – Ein rechnerunterstütztes Verfahren zur Betriebsmittelzuordnung**
Von Stephan Mayer. ISBN 3-540-12490-X.
1983, 162 Seiten mit 34 Abbildungen und 2 Tabellen. 58.– DM

71 **Gestaltung eines integrierten Produktionssystems für die Sortenfertigung unter Einsatz der Clusteranalyse**
Von Gerald Weber. ISBN 3-540-12650-3.
1983, 194 Seiten mit 54 Abbildungen. 58.– DM

72 **Gußputzen mit sensorgeführten, programmierbaren Handhabungsgeräten**
Von Eberhard Abele. ISBN 3-540-12651-1.
1983, 133 Seiten mit 66 Abbildungen. 58,– DM

73 **Untersuchungen zur Herstellung und zum Einsatz galvanogeformter Erodierelektroden**
Von Harald Müller. ISBN 3-540-12822-0.
1983, 148 Seiten mit 78 Abbildungen. 58,– DM

74 **Ein Beitrag zur Optimierung der Prozeßführungsstrategien automatisierter Förder- und Materialflußsysteme**
Von Hans Steffens. ISBN 3-540-12968-5.
1983. 161 Seiten mit 60 Abbildungen. 58,– DM

75 **Entwicklung eines Verfahrens zur wertmäßigen Bestimmung der Produktivität und Wirtschaftlichkeit von Personalentwicklungsmaßnahmen in Arbeitsstrukturen**
Von Christian Müller. ISBN 3-540-13041-1.
1983. 129 Seiten mit 34 Abbildungen. 58,– DM

76 **Berechnung der Gestaltänderung von Profilen infolge Strahlverschleiß**
Von Wolfgang Marx. ISBN 3-540-13054-3.
1983. 121 Seiten mit 58 Abbildungen. 58,– DM

77 **Algorithmen zur flexiblen Gestaltung der kurzfristigen Fertigungssteuerung**
Von Rudolf E. Scheiber. ISBN 3-540-13500-6.
1984, 150 Seiten mit 73 Abbildungen und 1 Tabelle. 63.– DM

78 **Galvanisieren mit moduliertem Strom**
Von Jürgen Wolfgang Mann. ISBN 3-540-13733-5.
1984, 145 Seiten und 58 Abbildungen. 63,– DM

79 **Fluoreszenzmeßverfahren zur Schmierfilmdickenmessung in Wälzlagern**
Von Wolfgang Schmutz. ISBN 3-540-13777-7.
1984, 141 Seiten und 66 Abbildungen. 63,– DM

IPA-IAO Forschung und Praxis

Berichte aus dem Fraunhofer-Institut für Produktionstechnik und Automatisierung (IPA), Stuttgart, Fraunhofer-Institut für Arbeitswirtschaft und Organisation (IAO), Stuttgart, und Institut für Industrielle Fertigung und Fabrikbetrieb der Universität Stuttgart

Herausgeber: Prof. Dr.-Ing. Dr. h. c. mult. H.-J. Warnecke und Prof. Dr.-Ing. habil. Prof. E. h. Dr. h. c. H.-J. Bullinger

---

80 **Flexibilität und Kapazität von Werkstückspeichersystemen**
Von Bernhard Graf. ISBN 3-540-13970-2.
1984, 115 Seiten mit 71 Abbildungen. 63,– DM

T1 **Flexible Fertigungssysteme**
17. IPA-Arbeitstagung zusammen mit der 3. Internationalen Konferenz „Flexible Manufacturing Systems (FMS-3)", ISBN 3-540-13807-2.
1984, 249 Seiten mit zahlreichen Abbildungen. 118,– DM

T2 **Integrierte Bürosysteme**
3. IAO-Arbeitstagung. ISBN 3-540-13978-8.
1984, 633 Seiten mit zahlreichen Abbildungen. 168,– DM

81 **Rechnerunterstützte Planung von Montageablaufstrukturen für Erzeugnisse der Serienfertigung**
Von Ernst-Dieter Ammer. ISBN 3-540-15056-0.
1985, 120 Seiten mit 1 Faltblatt und 33 Abbildungen. 63,– DM

82 **Flexibilität von personalintensiven Montagesystemen bei Serienfertigung**
Von Heinrich Vähning. ISBN 3-540-15093-5.
1985, 152 Seiten mit 49 Abbildungen. 63,– DM

83 **Ordnen von Werkstücken mit programmierbaren Handhabungsgeräten und Werkstückerkennungssensoren**
Von Ingo Schmidt. ISBN 3-540-15375-6.
1985, 111 Seiten mit 66 Abbildungen. 63,– DM

84 **Systematische Investitionsplanung**
Von Jorge Moser. ISBN 3-540-15370-5.
1985, 190 Seiten mit 69 Abbildungen. 63,– DM

T3 **Montage · Handhabung · Industrieroboter**
Internationaler MHI-Kongreß im Rahmen der Hannover-Messe '85. ISBN 3-540-15500-7.
1985, 267 Seiten mit zahlreichen Abbildungen. 128,– DM

85 **Flexible Montagesysteme – Konzeption und Feinplanung durch Kombination von Elementen**
Von Peter Konold / Bernd Weller. ISBN 3-540-15606-2.
1985, 162 Seiten mit 71 Abbildungen und 9 Tabellen. 63,– DM

T4 **Menschen · Arbeit · Neue Technologien**
4. IAO-Arbeitstagung zusammen mit der 2. Internationalen Konferenz „Human Factors in Manufacturing". ISBN 3-540-15763-8.
1985, 442 Seiten mit zahlreichen Abbildungen. 168,– DM

86 **Leitstandunterstützte kurzfristige Fertigungssteuerung bei Einzel- und Kleinserienfertigung**
Von Lothar Aldinger. ISBN 3-540-15903-7.
1985, 151 Seiten mit 49 Abbildungen und 2 Tabellen. 63,– DM

87 **Bestimmen des Bürstenverhaltens anhand einer Einzelborste**
Von Klaus Przyklenk. ISBN 3-540-15956-8.
1985, 117 Seiten mit 74 Abbildungen. 63,– DM

88 **Montage großvolumiger Produkte mit Industrierobotern**
Von Jörg Walther. ISBN 3-540-16027-2.
1985, 125 Seiten mit 58 Abbildungen. 63,– DM

89 **Algorithmen und Verfahren zur Erstellung innerbetrieblicher Anordnungspläne**
Von Wilhelm Dangelmaier. ISBN 3-540-16144-9.
1986, 268 Seiten mit 79 Abbildungen. 68,– DM

90 **Bewertung der Instandhaltung von Fertigungssystemen in der technischen Investitionsplanung**
Von Hagen U. Uetz. ISBN 3-540-16166-X.
1986, 129 Seiten mit 38 Abbildungen. 68,– DM

91 **Entgraten durch Hochdruckwasserstrahlen**
Von Manfred Schlatter. ISBN 3-540-16172-4.
1986, 167 Seiten mit 89 Abbildungen und 18 Tabellen. 68,– DM

92 **Werkstückorientierte Verfahrensauswahl zum Gußputzen mit Industrierobotern**
Von Wolfgang Sturz. ISBN 3-540-16224-0.
1986, 156 Seiten mit 59 Abbildungen. 68,– DM

93 **Verfahren zur Verringerung von Modell-Mix-Verlusten in Fließmontagen**
Von Reinhard Koether. ISBN 3-540-16499-5.
1986, 175 Seiten mit 46 Abbildungen und 1 Tabelle. 68,– DM

94 **Entwicklung und Einsatz eines interaktiven Verfahrens zur Leistungsabstimmung von Montagesystemen**
Von Günter Schad. ISBN 3-540-16978-4.
1986, 120 Seiten mit 31 Abbildungen und 1 Tabelle. 68,– DM

95 **Qualifizierung an Industrierobotern**
Von Wolfgang Bachl. ISBN 3-540-17018-9.
1986, 218 Seiten mit 30 Abbildungen. 68,– DM

96 **Rechnersimulation des Beschichtungsprozesses beim Elektrotauchlackieren – Anwendung zum Berechnen des Umgriffs**
Von Otto Baumgärtner. ISBN 3-540-17102-9.
1986, 113 Seiten mit 42 Abbildungen. 68,– DM

97 **Ergonomische Gestaltung von Rotationsstellteilen für grob- und sensomotorische Tätigkeiten**
Von Werner F. Muntzinger. ISBN 3-540-17247-5.
1986, 135 Seiten mit 51 Abbildungen und 33 Tabellen. 68,– DM

98 **Die optische Rauheitsmessung in der Qualitätstechnik**
Von R.-J. Ahlers. ISBN 3-540-17242-4.
1986, 133 Seiten mit 56 Abbildungen und 2 Tabellen. 68,– DM

99 **Maschinelle Spracherkennung zur Verbesserung der Mensch-Maschine-Schnittstelle**
Von Gerhard Rigoll. ISBN 3-540-17350-1.
1986, 134 Seiten mit 55 Abbildungen. 68,– DM

100 **Konzeption und Auswahl modularer Magazinpaletten**
Von Thomas Zipse. ISBN 3-540-17584-9.
1987, 126 Seiten mit 54 Abbildungen. 68,– DM

101 **Anschlüsse an Kupferrohre – Herstellung und Automatisierungsmöglichkeit**
Von Eberhard Rauschnabel. ISBN 3-540-17807-4.
1987, 120 Seiten mit 88 Abbildungen. 68,– DM

102 **Mengen- und ablauforientierte Kapazitätsplanung von Montagesystemen**
Von Hans Sauer. ISBN 3-540-17815-5.
1987, 156 Seiten mit 64 Abbildungen. 68,– DM

103 **Verfahrensinstrumentarium zur Werkstückauswahl und Auslegung von Industrieroboterschweißsystemen**
Von Herbert Gzik. ISBN 3-540-17928-3.
1987, 138 Seiten mit 56 Abbildungen. 68,– DM

104 **Integration von Förder- und Handhabungseinrichtungen**
Von Joachim Schuler. ISBN 3-540-17955-0.
1987, 153 Seiten mit 61 Abbildungen. 68,– DM

105 **Produktionsmengen- und -terminplanung bei mehrstufiger Linienfertigung**
Von H. Kühnle. ISBN 3-540-18038-9.
1987, 124 Seiten mit 25 Abbildungen. 68,– DM

106 **Untersuchung des Plasmaschneidens zum Gußputzen mit Industrierobotern**
Von Jong-Oh Park. ISBN 3-540-18037-0.
1987, 142 Seiten mit 70 Abbildungen. 68,– DM

107 **Fügen von biegeschlaffen Steckkontakten mit Industrierobotern**
Von Daegab Gweon. ISBN 3-540-18134-2.
1987, 115 Seiten mit 13 Abbildungen. 68,– DM

108 **Entwicklung eines biomechanischen Modells des Hand-Arm-Systems**
Von Georgios Tsotsis. ISBN 3-540-18135-0.
1987, 163 Seiten mit 45 Abbildungen. 68,– DM

109 **Ein Beitrag zur Planungssystematik für die automatisierte flexible Blechteilefertigung**
Von Thomas Weber. ISBN 3-540-18136-9.
1987, 149 Seiten mit 56 Abbildungen. 68,– DM

110 **Entwicklung eines Meßverfahrens zur Bestimmung des Positionier- und Orientierungsverhaltens von Industrierobotern**
Von Günter Schiele. ISBN 3-540-18137-7.
1987, 116 Seiten mit 48 Abbildungen. 68,– DM

111 **Schwingungsbelastung beim Arbeiten mit handgeführten, einachsigen Motormähgeräten**
Von Peter Kern. ISBN 3-540-18193-8.
1987, 145 Seiten mit 43 Abbildungen und 5 Tabellen. 68,– DM

112 **Entwicklung eines berührungslosen Tastsystems für den Einsatz an Koordinatenmeßgeräten**
Von Hie-Sik Kim. ISBN 3-540-18578-X.
1987, 111 Seiten mit 62 Abbildungen und 4 Tabellen. 68,– DM

113 **Qualifizierung an Industrierobotern – Ziele, Inhalte und Methoden**
Von Volker Korndörfer. ISBN 3-540-18618-2.
1987, 318 Seiten mit 100 Abbildungen. 68,– DM

114 **Funktional und räumlich variables und modulares Laborgerätesystem**
Von Alfred Mack. ISBN 3-540-18786-3.
1988, 116 Seiten mit 39 Abbildungen. 73,– DM

115 **Produktrecycling im Maschinenbau**
Von Rolf Steinhilper. ISBN 3-540-18849-5.
1988, 167 Seiten mit 50 Abbildungen. 73,– DM

116 **Integration der montagegerechten Produktgestaltung in den Konstruktionsprozeß**
Von Rudolf Bäßler. ISBN 3-540-19058-9.
1988, 133 Seiten mit 49 Abbildungen. 73,– DM

117 **Ein Algorithmus zur kapazitätsorientierten Bildung von Losen**
Von Tilmann Greiner. ISBN 3-540-19300-6.
1988, 135 Seiten mit 37 Abbildungen. 73,– DM

118 **Kabelbaummontage mit Industrierobotern**
Von Gerd Schlaich. ISBN 3-540-19301-4.
1988, 131 Seiten mit 62 Abbildungen. 73,– DM

119 **Beitrag zur Verbesserung der Fertigungskostentransparenz bei Großserienfertigung mit Produktvielfalt**
Von Albrecht Köhler. ISBN 3-540-19393-6.
1988, 148 Seiten mit 72 Abbildungen. 73,– DM

120 **Entwicklungs- und Planungshilfen zum Aufbau von flexiblen Ordnungssystemen**
Von Rainer Schanz. ISBN 3-540-19394-4.
1988, 104 Seiten mit 48 Abbildungen. 73,– DM

121 **Bestücken von Leiterplatten mit Industrierobotern**
Von Ernst Wolf. ISBN 3-540-50013-8.
1988, 132 Seiten mit 63 Abbildungen. 73,– DM

122 **Verschleißvorgänge beim Querschneiden dünner Bahnen**
Von Thomas Hülsmann. ISBN 3-540-50049-9.
1988, 126 Seiten mit 47 Abbildungen und 5 Tabellen. 73,– DM

123 **Geometrieprüfung in der Fertigungsmeßtechnik mit bildverarbeitenden Systemen**
Von Claus P. Keferstein. ISBN 3-540-50050-2.
1988, 128 Seiten mit 53 Abbildungen. 73,– DM

124 **Modulares Simulationsmodell für die Abläufe in verketteten Fertigungszellen mit Industrierobotern**
Von Kum-Hoan Kuk. ISBN 3-540-50069-3.
1988, 130 Seiten mit 57 Abbildungen. 73,– DM

125 **Montage von Schläuchen mit Industrierobotern**
Von Bruno Frankenhauser. ISBN 3-540-50072-3.
1988, 139 Seiten mit 63 Abbildungen. 73,– DM

126 **Kommissioniersystem mit Roboter und Mehrstückgreifer**
Von Klaus Baumeister. ISBN 3-540-50133-9.
1988, 104 Seiten mit 53 Abbildungen. 73,– DM

127 **Sensorunterstütztes Programmierverfahren für das Entgraten mit Industrierobotern**
Von Dieter Boley. ISBN 3-540-50175-4.
1988, 128 Seiten mit 67 Abbildungen. 73,– DM

128 **Die Arbeitsraumgestaltung manueller Montagearbeitsplätze mit graphischen und wissensbasierten Methoden**
Von Klaus Lay. ISBN 3-540-50259-9.
1988, 129 Seiten mit 50 Abbildungen und 7 Tabellen. 73,– DM

129 **Automatisierung des Biegerichtens**
Von Stefan Thiel. ISBN 3-540-50432-X.
1988, 142 Seiten mit 57 Abbildungen und 5 Tabellen. 73,– DM

130 **Rechnergestützte Verfahren zur Auslegung der Mechanik von Industrierobotern**
Von Martin-Christoph Wanner. ISBN 3-540-50640-3.
1989, 202 Seiten mit 80 Abbildungen. 73,– DM

131 **Entwicklung eines bestandsorientierten Fertigungssteuerungssystems für die Großserienfertigung am Beispiel des Automobilbaus**
Von G. Hachtel. ISBN 3-540-50639-X.
1989, 163 Seiten mit 34 Abbildungen und 6 Tabellen. 73,– DM

132 **Ergonomische Gestaltung der Benutzerschnittstelle am Antriebssystem des Greifreifenrollstuhls**
Von Ludwig Traut. ISBN 3-540-50877-5.
1989, 210 Seiten mit 127 Abbildungen. 73,– DM

133 **Planung taktzeitoptimierter flexibler Montagestationen**
Von Joachim Schöninger. ISBN 3-540-50896-1.
1989, 122 Seiten mit 47 Abbildungen. 73,– DM

134 **Ein Modell für ein integriertes Qualitäts- und Prüfplanungssystem in der Montage**
Von Josef R. Kring. ISBN 3-540-51195-4.
1989, 140 Seiten mit 60 Abbildungen. 73,– DM

135 **Fertigungsstrukturierung auf der Basis von Teilefamilien**
Von Manfred Auch. ISBN 3-540-51290-X.
1989, 138 Seiten mit 34 Abbildungen. 73,– DM

136 **Kollisionsbehandlung als Grundbaustein eines modularen Industrieroboter-Off-line-Programmiersystems**
Von Andreas Altenhein. ISBN 3-540-51418-X.
1989, 129 Seiten mit 53 Abbildungen. 73,– DM

137 **Ein Beitrag zur Planung und Bewertung Neuer Arbeitsstrukturen in NE-Metallgießereien Dargestellt am Beispiel der Fertigungsinsel**
Von Horst Nespeta. ISBN 3-540-51419-8.
1989, 157 Seiten mit 58 Abbildungen. 73,– DM

138 **Verfahren zur Prüfung der Partikelkontamination in Versorgungssystemen für hochreine Flüssigkeiten**
Von Rolf Herz. ISBN 3-540-51457-0.
1989, 123 Seiten mit 61 Abbildungen. 73,– DM

139 **Messung gekrümmter Flächen mit berührungslosen Verfahren**
Von Leo Schreiber. ISBN 3-540-51493-7.
1989, 119 Seiten mit 72 Abbildungen. 73,– DM

140 **Automatisiertes Lackieren mit steuerbaren Spritzpistolen**
Von Konrad A. Ortlieb. ISBN 3-540-51518-6.
1989, 121 Seiten mit 45 Abbildungen. 73,– DM

141 **Grundlagen zur Entwicklung reinraumtauglicher Handhabungssysteme**
Von Jürgen Geißinger. ISBN 3-540-51959-9.
1989, 124 Seiten mit 82 Abbildungen. 73,– DM

142 **CAD-Video-Somatographie**
Entwicklung und Bewertung einer Methode zur anthropometrischen Arbeitsgestaltung
Von Dieter Lorenz. ISBN 3-540-52163-1.
1989, 169 Seiten mit 61 Abbildungen. 73,– DM

143 **Eine Systemarchitektur für die Gestaltung und das Management verteilter Informationssysteme**
Von Andreas J. Ness. ISBN 3-540-52224-7.
1990, 203 Seiten mit 62 Abbildungen. 78,– DM

144 **Untersuchungen über den optisch-physiologischen Eindruck der Oberflächenstruktur von Lackfilmen**
Von Horst Schene. ISBN 3-540-52226-3.
1990, 149 Seiten mit 106 Abbildungen. 78,– DM

145 **Planungsmethodik für ein Qualitätskostensystem**
Von Alfred Rauba. ISBN 3-540-52477-0.
1990, 166 Seiten mit 73 Abbildungen. 78,– DM

146 **Kleinserienbestückung von Leiterplatten mit bedrahteten Bauelementen durch Industrieroboter**
Von Martin Domm. ISBN 3-540-52867-9.
1990, 106 Seiten mit 48 Abbildungen. 78,– DM

147 **Sensor- und Steuerungssystem für die leitlinienlose Führung automatischer Flurförderzeuge**
Von Gerhard Drunk. ISBN 3-540-53033-9.
1990, 135 Seiten mit 52 Abbildungen. 78,– DM

148 **Ein System zur wissensbasierten Diagnose an CNC-Werkzeugmaschinen durch den Maschinenbediener**
Von Klaus-Peter Fähnrich. ISBN 3-540-53034-7.
1990, 132 Seiten mit 48 Abbildungen und 18 Tabellen. 78,– DM

149 **Werkstückbegleitender Informationsspeicher als Basis für ein informationstechnisches Konzept für Halbleiterfertigungen**
Von Klaus-Dieter Sauter. ISBN 3-540-53236-6.
1990, 115 Seiten mit 55 Abbildungen. 78,– DM

150 **Ein Planungsverfahren zur Erkennung und Bewältigung von Material- und Kapazitätsengpässen bei mehrstufiger Linienfertigung**
Von Ralf-Michael Fuchs. ISBN 3-540-53271-4.
1990, 176 Seiten mit 65 Abbildungen. 78,– DM

151 **Montage von Schrauben mit Industrierobotern**
Von Gernot E. Fischer. ISBN 3-540-53519-5.
1990, 97 Seiten mit 37 Abbildungen. 78,– DM

152 **Flächenorientierte Termin- und Kapazitätsplanung bei innerbetrieblicher Baustellenfertigung**
Von Rolf Schlauch. ISBN 3-540-53584-5.
1990, 130 Seiten mit 53 Abbildungen. 78,– DM

153 **Wissensbasierte Entscheidungsunterstützung bei der Auswahl von Industrierobotern**
Von Günter Jordan. ISBN 3-540-53744-9.
1991, 116 Seiten mit 49 Abbildungen. 78,– DM

154 **Simulationssystem für Fertigungsprozesse mit Stückgutcharakter**
Ein gegenstandsorientiertes System mit parametrisierter Netzwerkmodellierung
Von Bernd-Dietmar Becker. ISBN 3-540-53847-X.
1991, 162 Seiten mit 48 Abbildungen und 47 Tabellen. 78,– DM

155 **Algorithmen der Sprachverarbeitung zur Entwicklung eines vollsynthetischen Sprachausgabesystems**
Von Gerhard Rigoll. ISBN 3-540-53870-4.
1991, 321 Seiten mit 235 Abbildungen. 78,– DM

156 **Wissensbasierte CAD-Systemkomponente zum Entwurf montagegerechter Produkte**
Von Ralph Richter. ISBN 3-540-54725-8.
1991, 137 Seiten mit 56 Abbildungen. 78,– DM

157 **Heftschweißverfahren für das Lagefixieren von Werkstücken beim Schutzgasschweißen mit Industrierobotern**
Von Carsten Martin Claussen. ISBN 3-540-54951-X.
1991, 140 Seiten mit 43 Abbildungen. 78,– DM

158 **Ein Beitrag zur Meßdatenverarbeitung in der Koordinatenmeßtechnik**
Von Thomas Garbrecht. ISBN 3-540-55030-5.
1991, 135 Seiten mit 94 Abbildungen und 5 Tabellen. 78,– DM

159 **Ein Beitrag zur Planung und Optimierung der Verfahrensteilung in der Fertigung**
Von Hans-Peter Roth. ISBN 3-540-55113-1.
1992, 130 Seiten mit 50 Abbildungen. 78,– DM

160 **Flexible Montage von Leitungssätzen mit Industrierobotern**
Von Herbert H. Emmerich ISBN 3-540-55227-8.
1992, 135 Seiten mit 70 Abbildungen. 88,– DM

161 **Toleranzausgleichssysteme für Industrieroboter am Beispiel des feinwerktechnischen Bolzen-Loch-Problems**
Von Uwe Schweigert ISBN 3-540-55228-6.
1992, 119 Seiten mit 61 Abbildungen. 88,– DM

162 **Entwicklung eines interaktiven Simulators auf der Basis von Petri-Netzen zur Modellierung und Bewertung hybrider Montagestrukturen**
Von W. Schweizer ISBN 3-540-55229-4.
1992, 159 Seiten mit 76 Abbildungen. 88,– DM

163 **Entwicklung eines Verfahrens zur rechnerunterstützten Gestaltung verteilter Informationssysteme**
Von Friedemann Reim ISBN 3-540-55269-3.
1992, 151 Seiten mit 43 Abbildungen. 88,– DM

164 **EDV-gestützte Planungs- und Entscheidungshilfen zur Auslegung von Produktionsstrukturen mit strukturkostenoptimierten Dezentralen Verantwortungsbereichen**
Von Ulrich Hallwachs ISBN 3-540-55477-7.
1992, 186 Seiten mit 66 Abbildungen. 88,– DM

165 **Strömungstechnische Auslegung reinraumtauglicher Fertigungseinrichtungen**
Von Elmar Degenhart ISBN 3-540-55478-5.
1992, 137 Seiten mit 72 Abbildungen. 88,– DM

166 **Synthese und Simulation dreidimensionaler Hand-Arm-Bewegungen an manuellen Montagearbeitsplätzen**
Von Raimund Menges ISBN 3-540-55752-0.
1992, 215 Seiten mit 70 Abbildungen. 88,– DM

167 **Bewertung inhomogener fraktaler Strukturen und Skalenanalyse von Texturen**
Von Uwe Müssigmann ISBN 3-540-55796-2.
1992, 99 Seiten mit 43 Abbildungen. 88,– DM

168 **Ein Informationssystem für Instandhaltungsleitstellen**
Von Wilfried Sihn ISBN 3-540-55853-5.
1992, 167 Seiten mit 67 Abbildungen. 88,– DM

169 **Verfahren zum automatischen Palettieren von quaderförmigen Packstücken im beliebigen Sortenmix**
Von Walter Michael Strommer ISBN 3-540-55922-1.
1992, 105 Seiten mit 47 Abbildungen. 88,– DM

170 **Planung der Kinematik von Industrierobotersystemen zum Schutzgasschweißen im Schiffbau**
Von Wolfgang Utner ISBN 3-540-55923-X.
1992, 134 Seiten mit 31 Abbildungen und 3 Tabellen. 88,– DM

171 **Montage von Pressverbindungen mit Industrierobotern**
Von Günther Würtz ISBN 3-540-56300-8.
1992, 124 Seiten mit 55 Abbildungen. 88,– DM

172 **Rationalisierungspotential der montagegerechten Produktgestaltung bei der Montage mit Industrierobotern**
Von Thomas Schmaus ISBN 3-540-56400-4.
1992, 122 Seiten mit 55 Abbildungen. 88,– DM

173 **Erhöhung der Variantenflexibilität in Mehrmodell-Montagesystemen durch ein Verfahren zur Leistungsabstimmung**
Von Felix Fremerey ISBN 3-540-56549-3.
1993, 150 Seiten mit 38 Abbildungen und 6 Tabellen. 88,– DM

174 **Automatische Montage von O-Ringen**
Von Johannes F. Wößner ISBN 3-540-56657-0.
1993, 94 Seiten mit 43 Abbildungen. 88,– DM

175 **Systeme kombinierter multimodaler Mensch-Rechner-Interaktionen**
Von Karl-Heinz Hanne ISBN 3-540-56687-2.
1993, 131 Seiten mit 46 Abbildungen. 88,– DM

176 **Regelbasiertes Verfahren zur Montageablaufplanung in der Serienfertigung**
Von Klaus Thaler ISBN 3-540-56829-8.
1993, 132 Seiten mit 63 Abbildungen. 88,– DM

177 **Rechnergestütztes Bediensystem für einen Telemanipulator zur Sanierung von gemauerten Abwasserkanälen**
Von Kurt Alexander Schließmann ISBN 3-540-56875-1.
1993, 135 Seiten mit 57 Abbildungen und 7 Tabellen. 88,– DM

178 **Konturantastende und optoelektronische Koordinatenmeßgeräte für den industriellen Einsatz**
Von Wolfgang Rauh ISBN 3-540-56876-X.
1993, 124 Seiten mit 43 Abbildungen. 88,– DM

179 **Konzeption für ein Sensor- und Steuerungssystem zur automatischen Führung eines Walzenschrämladers entlang der Grenzlinie von Kohle und Nebengestein**
Von Stephan Matthias Forster ISBN 3-540-57159-0.
1993, 147 Seiten mit 63 Abbildungen. 88,– DM

180 **Ein dreidimensionales Bildverarbeitungssystem für die Automatisierung visueller Prüfvorgänge**
Von Jianzhong Lu ISBN 3-540-57160-4.
1993, 113 Seiten mit 45 Abbildungen und 2 Tabellen. 88,– DM

181 **Erschließung technischer und organisatorischer Potentiale durch die Komplettbearbeitung auf Drehmaschinen mit Hilfe der Teileanalyse**
Von Helmut Schaal ISBN 3-540-57212-0.
1993, 126 Seiten mit 42 Abbildungen und 2 Tabellen. 88,– DM

182 **Prüfverfahren zur Untersuchung der Partikelreinheit technischer Oberflächen**
Von Bernhard Klumpp ISBN 3-540-57302-X.
1993, 108 Seiten mit 50 Abbildungen. 88,– DM

183 **Automatisierung der Justage von Drehankerrelais**
Von G. Krüll ISBN 3-540-57303-8.
1993, 113 Seiten mit 59 Abbildungen. 88,– DM

184 **Prozeßstrukturen der chemischen Vernickelung**
Von Hans Gut ISBN 3-540-57304-6.
1993, 108 Seiten mit 37 Abbildungen und 5 Tabellen. 88,– DM

185 **Ein Verfahren zur Konstruktion anwendungoptimierter Ultraschallsensoren auf der Basis von Schallkanälen**
Von Achim Langen ISBN 3-540-57376-3.
1993, 140 Seiten mit 72 Abbildungen. 88,– DM

186 **Ein rechnerunterstütztes System für die technische Dokumentation und Übersetzung**
Von Renate Mayer ISBN 3-540-57409-3.
1993, 126 Seiten mit 59 Abbildungen. 88,– DM

187 **Theoretische und experimentelle Untersuchungen an dreidimensionalen Wirbelströmungen für industrielle Absauganlagen**
Von Wolf-Jürgen Denner ISBN 3-540-57410-7.
1993, 141 Seiten mit 78 Abbildungen und 10 Tabellen. 88,– DM

188 **Planungsmethodik für den Aufbau von Qualitätssicherungssystemen in kleinen und mittleren Produktionsunternehmen**
Von Rainer Hummel ISBN 3-540-57727-0.
1993, 221 Seiten mit 114 Abbildungen und 6 Tabellen. 88,– DM

189 **Plasmamodifikation von Kunststoffoberflächen zur Haftfestigkeitssteigerung von Metallschichten**
Von Dieter Andreas Mann ISBN 3-540-57745-9.
1994, 133 Seiten mit 83 Abbildungen und 6 Tabellen. 88,– DM

190 **Softwareentwicklung für speicherprogrammierbare Steuerungen im integrierten, rechnergestützten Konstruktionsprozeß**
Von Kornelius Hengel ISBN 3-540-57765-3.
1994, 133 Seiten mit 48 Abbildungen. 88,– DM

191 **Vorrichtungssysteme für die flexibel automatisierte Montage**
Von Armin Willy ISBN 3-540-57784-X.
1994, 121 Seiten mit 60 Abbildungen. 88,– DM

192 **Wissensbasiertes Selbstheilungs- und Diagnosesystem für CNC-Koordinatenmeßgeräte**
Von Wilhelm Steger ISBN 3-540-57829-3.
1994, 147 Seiten mit 79 Abbildungen. 88,– DM

193 **Modell für ein rechnerunterstütztes Qualitätssicherungssystem gemäß DIN ISO 9000 ff.**
Von Ulrich Lübbe ISBN 3-540-57831-5.
1994, 152 Seiten mit 59 Abbildungen. 88,– DM

194 **Vorgehenssystematik zum Prototyping graphisch-interaktiver Audio/Video-Schnittstellen**
Von Claus Görner ISBN 3-540-57886-2.
1994, 181 Seiten mit 66 Abbildungen. 88,– DM

195 **Bewertung von Rechnerinvestitionen durch den Vergleich von Wertschöpfungsketten**
Von Christian F. Mayer ISBN 3-540-57969-9.
1994, 144 Seiten mit 45 Abbildungen und 24 Tabellen. 88,– DM

196 **Ein Verfahren zur kostenorientierten Produktionsprogramm- und Kapazitätsplanung bei losweiser Montage**
Von J. Kurz ISBN 3-540-57971-0.
1994, 124 Seiten mit 26 Abbildungen und 3 Tabellen. 88,– DM

197 **Direktmontage von Leitungen mit Industrierobotern**
Von Stefan Koller ISBN 3-540-58224-X.
1994, 105 Seiten mit 52 Abbildungen. 88,– DM

198 **Eine objektorientierte Architektur für Leitstände zur Feinplanung**
Von Thomas Otterbein ISBN 3-540-58273-8.
1994, 183 Seiten mit 90 Abbildungen. 88,– DM

199 **Erhöhung der Fertigungssicherheit und -qualität beim Hochdruckwasserstrahlen durch den Einsatz von Sensoren**
Von Michael Knaupp ISBN 3-540-58440-4.
1994, 117 Seiten mit 101 Abbildungen. 88,– DM

200 **Verfahren zur Bewertung von Auftrags-Durchlaufzeiten in den indirekt-produktiven Bereichen von Maschinenbau-Unternehmen**
Von Robert Müller ISBN 3-540-58478-1.
1994, 152 Seiten mit 32 Abbildungen. 88,– DM

201 **Verfahrensprüfstand für das Bearbeiten mit Industrierobotern**
Von Peter Schlaich ISBN 3-540-58510-9.
1994, 114 Seiten mit 60 Abbildungen. 88,– DM

202 **Entwicklung und Optimierung von Prozeßkomponenten zur ionenunterstützten Abscheidung bei PVD-Verfahren**
Von Walter Olbrich ISBN 3-540-58511-7.
1994, 126 Seiten mit 62 Abbildungen und 7 Tabellen. 88,– DM

203 **Verfahren der Konturanalyse zur Automatisierung visueller Prüfvorgänge**
Von Knut Kille ISBN 3-540-58513-3.
1994, 105 Seiten mit 50 Abbildungen und 15 Tabellen. 88,– DM

204 **Verfahren zur Verbesserung der Ausfallsicherheit verteilter Informationssysteme**
Von Helmut Meitner ISBN 3-540-58623-7.
1995, 196 Seiten mit 54 Abbildungen und 13 Tabellen. 88,– DM

205 **Ein unscharfes Planungsverfahren zur mittelfristigen Personalkapazitätsanpassung für die bedarfsorientierte Serienproduktion**
Von Hans-Jürgen Braun ISBN 3-540-58819-1.
1995, 164 Seiten mit 40 Abbildungen und 10 Tabellen. 88,– DM

206 **Rechnergestützte Auslegungsverfahren für Großmanipulatoren mit Gelenkarmkinematik**
Von Werner Engeln ISBN 3-540-58871-X.
1995, 135 Seiten mit 52 Abbildungen und 18 Tabellen. 88,– DM

207 **Montagestrukturplanung für variantenreiche Serienprodukte**
Von Ulrich Zeile ISBN 3-540-58937-6.
1995, 122 Seiten mit 65 Abbildungen. 88,– DM

208 **Entwicklung eines objektorientierten Informationssystems zur optimierten Werkstoffauswahl**
Von Dietmar R. Fischer ISBN 3-540-58938-4.
1995, 193 Seiten mit 37 Abbildungen und 14 Tabellen. 88,– DM

209 **Entwicklung einer flexibel automatisierten Nähanlage**
Von Oliver Krockenberger ISBN 3-540-58939-2.
1995, 122 Seiten mit 75 Abbildungen. 88,– DM

210 **Ultraschallbahnschweißen von Kunststoffteilen mit Industrierobotern**
Von Thomas Wagner ISBN 3-540-58940-6.
1995, 93 Seiten mit 37 Abbildungen. 88,– DM

211 **Flexibel automatisierte Montage hochpoliger Rundkabel**
Von Ralf Cramer ISBN 3-540-58979-1.
1995, 116 Seiten mit 59 Abbildungen. 88,– DM

212 **Automatische Reparatur elektronischer Baugruppen**
Von Thomas Leicht ISBN 3-540-59015-3.
1995, 99 Seiten mit 46 Abbildungen. 88,– DM

213 **Montage von Schlauchschellen mit Industrierobotern**
Von Herbert Dreher ISBN 3-540-59035-8.
1995, 103 Seiten mit 63 Abbildungen. 88,– DM

214 **Arbeitsprogrammgenerierung zum Schutzgasschweißen mit Industrierobotersystemen im Schiffbau**
Von Peter Schmid ISBN 3-540-59058-7.
1995, 131 Seiten mit 42 Abbildungen. 88,– DM

215 **Flexible Demontage mit dem Industrieroboter am Beispiel von Fernsprech-Endgeräten**
Von Martin Kahmeyer ISBN 3-540-59390-X.
1995, 99 Seiten mit 52 Abbildungen. 88,– DM

216 **Der logisch-pragmatische Gebrauch von Konditionalsätzen. Eine dialog-logische Analyse**
Von Antonius Jacobus Maria van Hoof ISBN 3-540-59463-9.
1995, 146 Seiten mit 65 Abbildungen. 88,– DM

217 **Arbeits- und organisationspsychologische Interventionen bei der Einführung von Gruppenarbeit in dezentral ausgerichteten Fertigungsinseln**
Von Manfred Schlund ISBN 3-540-60012-4.
1995, 426 Seiten mit 24 Abbildungen und 29 Tabellen. 88,– DM

218 **Herstellung geformter Schläuche mit Formdornen aus Formgedächtnislegierung**
Von Thomas Weisener ISBN 3-540-60019-1.
1995, 88 Seiten mit 48 Abbildungen. 88,– DM

219 **Benutzerwerkzeuge an Fertigungssteuerungs-Leitständen**
Von Manfred Kroneberg ISBN 3-540-60096-5.
1995, 154 Seiten mit 84 Abbildungen. 88,– DM

220 **Werkstattsteuerung mit genetischen Algorithmen und simulativer Bewertung**
Von Jörg Schulte ISBN 3-540-60281-X.
1995, 163 Seiten mit 55 Abbildungen und 7 Tabellen. 88,– DM

221 **Ein Verfahren zur automatischen Generierung von softwareergonomisch gestalteten Benutzungsoberflächen**
Von Anette Weisbecker ISBN 3-540-60242-9.
1995, 140 Seiten mit 38 Abbildungen und 48 Tabellen. 88,– DM

222 **Verfahren zur Reduzierung der Hand-Arm-Schwingungsbelastung an Trennschleifern**
Von Rainer Eckert ISBN 3-540-60282-8.
1995, 187 Seiten mit 80 Abbildungen und 23 Tabellen. 88,– DM

223 **Individualisierbare heuristische Einplanung für rechnerbasierte Leitstände**
Von Andreas Huthmann ISBN 3-540-60424-3.
1995, 137 Seiten mit 74 Abbildungen. 88,– DM

224 **Recycling von Wasserlackoverspray durch Elektrophorese**
Von Klaus Berewinkel ISBN 3-540-60519-3.
1996, 177 Seiten mit 75 Abbildungen. 88,– DM

225 **Wissensbasierte Programmierung von Industrierobotern zum Schutzgasschweißen im Stahlhochbau**
Von Christoph Hartfuss ISBN 3-540-60661-0.
1996, 123 Seiten mit 48 Abbildungen. 88,– DM

226 **Verfahren zur Gestaltung rechnergestützter Büroprozesse**
Von Michael Rathgeb ISBN 3-540-60660-2.
1996, 278 Seiten mit 69 Abbildungen. 88,– DM

227 **Dialogentwicklung für objektorientierte, graphische Benutzungsschnittstellen**
Von Christian Janssen ISBN 3-540-60719-6.
1996, 154 Seiten mit 70 Abbildungen und 4 Tabellen. 88,– DM

228 **Bewertung und Verbesserung der fertigungsgerechten Gestaltung von Blechwerkstücken**
Von Ulrich Abele ISBN 3-540-61019-7.
1996, 184 Seiten mit 72 Abbildungen. 88,– DM

229 **Merkmalsbasierte Definition von Freiformgeometrien auf der Basis räumlicher Punktwolken**
Von Sabine Roth-Koch ISBN 3-540-61020-0.
1996, 145 Seiten mit 68 Abbildungen. 88,– DM

230 **Fokussierung im Dialog: Aspekte der Fokusintonation im Deutschen**
Von Joachim Machate ISBN 3-540-61165-7.
1996, 155 Seiten mit 22 Abbildungen und 22 Tabellen. 88,– DM

231 **Qualitätsgerechte Auslegung flexibler Produktionssysteme mit Hilfe von Simulation**
Von Egbert Englert ISBN 3-540-61277-7.
1996, 126 Seiten mit 60 Abbildungen. 88,– DM

232 **Projektierungsverfahren für technische Software dargestellt an wissensbasierten Systemen**
Von Eberhard Kurz ISBN 3-540-61426-5.
1996, 129 Seiten mit 57 Abbildungen. 88,– DM

233 **Typologie zur systematischen Gestaltung der Arbeitsorganisation für Flexible Fertigungssysteme**
Von Sabine Stephan ISBN 3-540-61465-6.
1996, 186 Seiten mit 39 Abbildungen und 63 Tabellen. 88,– DM

234 **Entwicklung eines Werkzeuges zum Störungsmanagement in der Produktionsregelung**
Von Rainer Bamberger ISBN 3-540-61515-6.
1996, 157 Seiten mit 92 Abbildungen. 88,– DM

235 **Ein Verfahren zur automatischen Generierung von Steuerprogrammen für Roboterfahrzeuge**
Von Joachim Müllerschön ISBN 3-540-61514-8.
1996, 140 Seiten mit 79 Abbildungen. 88,– DM

236 **Automatische Kalibrierung der koppelnden Ortung mobiler Plattformen**
Von Achim Merklinger ISBN 3-540-61632-2.
1996, 106 Seiten mit 36 Abbildungen und 25 Tabellen. 88,– DM

237 **Händigkeitsgerechte Gestaltung der Mensch-Maschine-Schnittstelle**
Von Martin Schmauder ISBN 3-540-61657-8.
1996, 141 Seiten mit 44 Abbildungen und 9 Tabellen. 88,– DM

238 **Ein simulationsgestütztes Verfahren zur Wirtschaftlichkeitsbestimmung von Fertigungsprozessen mit Stückgutcharakter**
Von Erhard Vollmer ISBN 3-540-62408-2.
1996, 111 Seiten mit 10 Abbildungen und 22 Tabellen. 88,– DM

239 **Ein Verfahren zur reportbasierten Diagnose von technischen Maschinenstörungen in der Instandhaltung**
Von Walter Wincheringer ISBN 3-540-62410-4.
1996, 169 Seiten mit 61 Abbildungen. 88,– DM

240 **Eine Vorgehensweise zum objektorientierten Entwurf graphisch-interaktiver Informationssysteme**
Von Jürgen Ziegler ISBN 3-540-62547-X.
1997, 146 Seiten mit 36 Abbildungen und 20 Tabellen. 88,– DM

241 **Zur Fehlerkompensation und Bahnkorrektur für eine mobile Großmanipulator-Anwendung**
Von Klaus Dieter Rupp ISBN 3-540-62625-5.
1997, 140 Seiten mit 48 Abbildungen und 17 Tabellen. 88,– DM

242 **Entwicklung eines QFD-gestützten Verfahrens zur Produktplanung und -entwicklung für kleine und mittlere Unternehmen**
Von Jürgen Hoffmann ISBN 3-540-62638-7.
1997, 158 Seiten mit 89 Abbildungen. 88,– DM

243 **Ein Verfahren zur flexiblen Fertigungsführung eines Fertigungssystems für Kleinserien mit unterschiedlich autonomen Arbeitsstationen**
Von Rainer Kämpf ISBN 3-540-62653-0.
1997, 174 Seiten mit 68 Abbildungen. 88,– DM

244 **Flexibel automatisiertes Taumelnieten**
Von Wolf-Dietrich Schneider ISBN 3-540-62654-9.
1997, 88 Seiten mit 43 Abbildungen. 88,– DM

245 **Verfahren zur Erkennung unfallträchtiger Verkantungsfälle bei handgeführten Trennschleifern**
Von Christoph Bolay ISBN 3-540-62767-7.
1997, 170 Seiten mit 71 Abbildungen. 88,– DM

246 **Rechnergestütztes Sourcingsystem für spanende Fertigungskapazitäten klein- und mittelständischer Unternehmen**
Von Jürgen Funk ISBN 3-540-62815-0.
1997, 106 Seiten mit 63 Abbildungen. 88,– DM

247 **Bahnlöten von Blechgehäusen mit Industrierobotern**
Von Manfred Gaul ISBN 3-540-63064-3.
1997, 114 Seiten mit 52 Abbildungen. 88,– DM

248 **Ein Verfahren zur Optimierung der Kraftwerksrevisionsplanung und -durchführung**
Von Siegfried Stender ISBN 3-540-63168-2.
1997, 160 Seiten mit 36 Abbildungen. 88,– DM

249 **Ein Verfahren zur Analyse von Problemen der Ressourcenabstimmung auf Basis synergetischer Mustererkennung**
Von Stefan König ISBN 3-540-63226-3.
1997, 136 Seiten mit 43 Abbildungen. 88,– DM

250 **Ein objektorientiertes Modell zur Abbildung von Produktionsverbünden in Planungssystemen**
Von Hans-Peter Laubscher ISBN 3-540-63295-6.
1997, 158 Seiten mit 98 Abbildungen. 88,– DM

251 **Regelmechanismen für die Formsicherung im Automobilbau**
Von Franz Eberle ISBN 3-540-63325-1.
1997, 122 Seiten mit 53 Abbildungen und 22 Tabellen. 88,– DM

252 **Entwicklung von Datenmodellen für ein objektorientiertes Engineering Data Management System zur Unterstützung von teamorientierten Organisationsformen**
Von Frank Marcial ISBN 3-540-63340-5.
1997, 216 Seiten mit 76 Abbildungen und 26 Tabellen. 88,– DM

253 **Verfahren zur Konzeption automatischer reinraumtauglicher Fertigungsanlagen und -zellen**
Von Ralf Kaun ISBN 3-540-63447-9.
1997, 160 Seiten mit 88 Abbildungen. 88,– DM

254 **Ein Planungsverfahren zur Kapazitätsabstimmung für Modell-Mix-Montagelinien am Beispiel einer Automobil-Endmontage**
Von Norbert Leopold ISBN 3-540-63520-3.
1997, 130 Seiten mit 35 Abbildungen. 88,– DM

255 **Fertigung von Mischlosen in der Mikroelektronik auf der Basis eines Verfahrens zur Verfolgung von Einzelscheiben**
Von Olaf Herzog ISBN 3-540-63563-7.
1997, 124 Seiten mit 59 Abbildungen. 88,– DM

256 **Einsatz neuer Mensch-Maschine-Schnittstellen für Robotersimulation und -programmierung**
Von Jens-Günter Neugebauer ISBN 3-540-63568-8.
1997, 110 Seiten mit 48 Abbildungen. 88,– DM

257 **Entwicklung eines Systems zur virtuellen ergonomischen Arbeitsgestaltung**
Von Wilhelm H. Bauer ISBN 3-540-63707-9.
1997, 160 Seiten mit 77 Abbildungen und 13 Tabellen. 88,– DM

258 **Controlling eines projektorientierten Prozeßmanagements am Beispiel des Anlagenbaus**
Von Thomas Jörg Staiger ISBN 3-540-64082-7.
1998, 214 Seiten mit 106 Abbildungen und 11 Tabellen. 88,– DM

259 **Flexible Formprüfung umgeformter Blechteile**
Von Berend Oberdorfer ISBN 3-540-64121-1.
1998, 148 Seiten mit 69 Abbildungen. 88,– DM

260 **Effiziente Produktplanung mit Quality Function Deployment**
Von Christoph Mai ISBN 3-540-64145-9.
1998, 124 Seiten mit 57 Abbildungen. 88,– DM

261 **Einsatz der digitalen Grautonbildverarbeitung als ein Meßprinzip in der Lackiertechnik**
Von Sabine Renate Plischki ISBN 3-540-64270-6.
1998, 136 Seiten mit 67 Abbildungen und 9 Tabellen. 88,– DM

262 **Dynamische Zielfindung für das Total Quality Management**
Von Andreas Robeck ISBN 3-540-64271-4.
1998, 132 Seiten mit 61 Abbildungen. 88,– DM

263 **Methoden zur Planung zeit- und kostenoptimaler Produktion und Lagerhaltung**
Anwendung der Theorie optimaler Prozesse
Von Joachim Warschat ISBN 3-540-64272-2.
1998, 252 Seiten mit 61 Abbildungen. 88,– DM

264 **3D-Echtzeit-Rendering unter Berücksichtigung der Anatomie und Physiologie des menschlichen Auges**
Von Oliver H. Riedel ISBN 3-540-64273-0.
1998, 192 Seiten mit 54 Abbildungen und 26 Tabellen. 88,– DM

265 **Optische in situ Meßtechniken bei der Entwicklung und Anwendung von plasmaunterstützten Oberflächentechniken für räumlich ausgedehnte und komplexe Geometrien**
Von Peter Stratil ISBN 3-540-64400-8.
1998, 148 Seiten mit 96 Abbildungen und 14 Tabellen. 88,– DM

266 **Mit Industrierobotern flexibel automatisierte Montage von Türabdichtungen für Kraftfahrzeuge**
Von Gerald Vögele ISBN 3-540-64512-8.
1998, 92 Seiten mit 50 Abbildungen. 88,– DM

267 **Verfahren zur Gestaltung von Dienstleistungsunternehmen in einem Konfigurationsansatz**
Von Alexander W. Roos ISBN 3-540-64566-7.
1998, 260 Seiten mit 93 Abbildungen. 88,– DM

268 **Die Kombination von Plasmanitrierung und plasmagestützter Schichtabscheidung aus der Gasphase (PACVD) in einem Verfahrensablauf**
Von Oliver Morlok ISBN 3-540-64567-5.
1998, 134 Seiten mit 55 Abbildungen und 10 Tabellen. 88,– DM

269 **Verfahren zur Generierung und Gestaltung von Montageablaufstrukturen komplexer Serienerzeugnisse**
Von Uwe A. Seidel ISBN 3-540-64687-6.
1998, 142 Seiten mit 49 Abbildungen. 88,– DM

270 **Flexibel automatisierte Montage von Holzdübeln mit Industrierobotern**
Von Thomas Hörz ISBN 3-540-64788-0.
1998, 122 Seiten mit 61 Abbildungen. 88,– DM

271 **Flexibel automatisierte Demontage von Fahrzeugdächern**
Von Reinhard Rupprecht ISBN 3-540-64969-7.
1998, 108 Seiten mit 46 Abbildungen und 2 Tabellen. 88,– DM

272 **Berechnung charakteristischer Spritzbild- und Qualitätsmerkmale beim Lackieren - Einsatz neuronaler Netze -**
Von Pavel Svejda ISBN 3-540-65038-5.
1998, 152 Seiten mit 62 Abbildungen und 29 Tabellen. 88,– DM

273 **Entwicklung eines Systems zur interaktiven Gestaltung und Auswertung von manuellen Montagetätigkeiten in der virtuellen Realität**
Von Rainer Heger ISBN 3-540-65039-3.
1998, 158 Seiten mit 64 Abbildungen und 6 Tabellen. 88,– DM

274 **Ein Verfahren zur integrierten, prozeßbegleitenden Vorkalkulation für die kostengerechte Konstruktion**
Von Joachim Th. Frech ISBN 3-540-65050-4.
1998, 154 Seiten mit 64 Abbildungen und 23 Tabellen. 88,– DM

275 **Grundlagenuntersuchungen und Weiterentwicklung der automatischen Farbwechseltechnik für Wasserlacke**
Von Hans-Jürgen Nolte ISBN 3-540-65146-2.
1998, 128 Seiten mit 70 Abbildungen und 10 Tabellen. 88,– DM

276 **Formleitlinien für die Flächenrückführung - Extraktion von Kanten und Radiusauslauflinien aus unstrukturierten 3D-Meßpunktmengen**
Von Ralph Peter Knorpp ISBN 3-540-65161-6.
1998, 134 Seiten mit 57 Abbildungen und 5 Tabellen. 88,– DM

277 **Erfassen und Verarbeiten komplexer Geometrie in Meßtechnik und Flächenrückführung**
Von Thomas Haller ISBN 3-540-65147-0.
1998, 175 Seiten mit 50 Abbildungen und 10 Tabellen. 88,– DM

278 **Reaktive Abscheidung von Metalloxiden auf Polycarbonat zur Erzeugung transparenter Verschleißschutzschichten**
Von Patrick Markschläger ISBN 3-540-65502-6.
1998, 164 Seiten mit 85 Abbildungen und 13 Tabellen. 88,– DM

Die Bände sind im Erscheinungsjahr und in den folgenden drei Kalenderjahren zu beziehen durch den örtlichen Buchhandel oder durch Lange & Springer, Otto-Suhr-Allee 25–28, 10585 Berlin.